高 等 教 育 教 材

物理化学实验

李喜兰　主编

付　晶　任会娟　副主编

化学工业出版社

·北京·

内容简介

《物理化学实验》以科学性、系统性为基础，结合当前新型仪器设备，对典型物理化学实验进行了详细介绍。既有典型的传统实验，也有新教改要求下培养学生创新能力的综合设计实验，体现了基础性、综合性和创新性的特点。

全书分四章，第 1 章绪论部分主要介绍了物理化学实验的目的和要求；物理化学实验的误差分析；物理化学实验数据的表达方法以及计算机处理物理化学实验数据的方法等。第 2 章重点叙述了物理化学常见实验仪器设备的工作原理及使用规程。第 3 章介绍了 12 个典型的物理化学基础实验，包含实验目的、实验原理、仪器与试剂、实验步骤、数据记录与处理等。第 4 章主要介绍了 4 个典型的物理化学综合实验，学生在基础实验技术达标的前提下，对实验进行设计及创新，提高学生的动手能力和独立思考能力。

本教材可作为应用型本科的应用化学、化学工程与工艺、材料科学与工程、新能源材料与器件、制药工程、药物制剂、食品科学与工程、中药学及药物分析等专业的师生用书，也可供相关研究人员及企业技术人员参考阅读。

图书在版编目（CIP）数据

物理化学实验 / 李喜兰主编 ；付晶，任会娟副主编.
北京 ： 化学工业出版社，2024. 9. --（高等教育教材）.
ISBN 978-7-122-24632-5

Ⅰ. O64-33

中国国家版本馆 CIP 数据核字第 2024F5A451 号

责任编辑：吴　刚　　　　文字编辑：毕梅芳　师明远
责任校对：刘　一　　　　装帧设计：关　飞

出版发行：化学工业出版社
（北京市东城区青年湖南街 13 号　邮政编码 100011）
印　　刷：北京云浩印刷有限责任公司
装　　订：三河市振勇印装有限公司
710mm×1000mm　1/16　印张 11¾　字数 217 千字
2024 年 11 月北京第 1 版第 1 次印刷

购书咨询：010-64518888　　　　售后服务：010-64518899
网　　址：http://www.cip.com.cn
凡购买本书，如有缺损质量问题，本社销售中心负责调换。

定　　价：49.80 元　

前言

物理化学实验是重要的基础实验课程，它综合了化学领域各分支所需要的基本实验工具和研究方法，也是化学工作者所必备的基本功。物理化学学科的教学改革正朝着强化创新意识和培养创新能力的方向发展，其教学模式与内容的改革也出现融合、综合的趋势，物理化学的内涵也随着科学的发展而有所变化。随着社会的进步与科技的发展，越来越多的新型仪器设备不断涌现，本教材正是为适应新形势下的实验环境而编写的。

本教材有以下几个特点。第一，注重实验原理与物理化学理论的紧密结合，使实验教学与理论教学有机地融为一体。第二，注重实验手段、方法和仪器设备的更新和发展，强调计算机在物理化学实验中的应用。第三，在每个实验的“仪器与试剂”部分对所用仪器的规格、试剂数量进行了量化，便于实验室工作人员准备实验。第四，在每个实验的“实验步骤”部分突出操作细节，便于初学者准确独立地完成实验，少出差错。第五，在一些实验中引入了拓展实验或讨论，以期拓宽研究范围和深度。

本书的第 1 章由珠海科技学院的任会娟教授和李喜兰副教授合编；第 2 章由珠海科技学院的宋佳隆高级实验师和李喜兰副教授合编；第 3 章基础实验部分，实验 3、实验 10、实验 12 由任会娟教授编写，实验 7、实验 9 由付晶实验师编写，实验 1、实验 2、实验 4、实验 5、实验 6、实验 8、实验 11 由李喜兰副教授编写；第 4 章综合实验部分，实验 1、实验 4 由珠海科技学院的李喜兰副教授编写，实验 2、实验 3 由遵义医科大学的胡云副教授编写，李喜兰副教授负责全书统稿和编排，付晶老师负责全书插图和文字的校核。

珠海科技学院应用化学与材料学院院长周长忍教授对本书给予了大力支持，在此深表谢意。

本书参考了已出版的多个版本的物理化学实验教材，在此一并表示感谢。本书的编写自始至终得到了化学工业出版社、遵义医科大学药学院的大力支持和鼓励，在此深表谢意。由于编者水平有限，书中疏漏在所难免，希望广大读者批评指正。如对本书有建议和意见，请与编者联系：381855458@qq. com。

编者

目录

第1章
绪论 / 001

第2章

实验仪器设备使用简介 / 019

第 4 章
综合实验部分 / 145

附录　物理化学实验常用数据表 / 165

参考文献 / 178

第1章 绪论

1.1 物理化学实验的目的和要求

1.1.1 物理化学实验的目的

物理化学实验是化学教学体系中一门独立的课程，它与物理化学课程的关系最为密切，但与后者又有明显的区别：物理化学注重物理化学的理论知识；而物理化学实验则要求学生能够熟练运用物理化学原理解决实际化学问题。

物理化学实验的目的是使学生初步了解物理化学的研究方法，掌握物理化学的基本实验技术和技能，学习化学实验研究的基本方法，为将来从事化学理论研究和与化学相关的实践活动打下良好的基础。

1.1.2 物理化学实验的要求

物理化学实验课程和其他实验课程一样，着重培养学生的动手能力。物理化学是整个化学学科的基本理论基础，物理化学实验则是物理化学基本理论的具体化、实践化，是对整个化学理论体系的实践检验。物理化学实验方法不仅对化学学科十分重要，而且在实际生活中也有着广泛的应用，如：对温度、压力等物理性质的测量，在生活中，体温的测量以及高血压患者血压的监测都是必不可少的，使用方便、价格便宜、数字化的温度计和压力计是人们所需求的，而现有的温度计和压力计并不能满足人们的需求。因此，对于物理化学实验不应仅局限于化学的范围，而应该在弄懂原理的基础上举一反三，把我们所学的实验方法应用于实际，这样才能真正有所收获。

要着重强调实验方法的重要性，一方面，方法的好坏对实验结果有直接的影响；另一方面，对于每个物理化学性质往往都有几种不同的方法进行测定，如测定液体的饱和蒸气压有静态法、动态法、气体饱和法等多种方法。我们要学会对不同方法加以分析比较，找出各自优缺点，从而在实际应用中更加得心应手。不要过于迷信书本上的东西，我们应该抱着怀疑的态度，多开动脑筋，在实验过程中发现问题，解决问题。为了做好实验，要求具体做好以下几点。

1.1.2.1 实验前的预习

学生在实验前应认真仔细阅读实验内容，预先了解实验的目的、原理，了解所用仪器的构造和使用方法，了解实验操作过程。然后参考物理化学教材及有关资料，对实验方法有一个全面的了解，思考是否还有修改完善的地方。在预习的基础上撰写实验预习报告。预习报告要求写出实验目的、实验所用仪器试剂和实验步骤以及实验时所要记录的数据表格。预习报告应写在一个专门的记录本上，以保存完整的实验数据记录，不得使用零散纸张记录。

1.1.2.2 实验操作

在实验操作过程中，应严格按照实验操作规程进行，并且应随时注意实验现象，尤其是一些反常现象，不应忽视。不应简单认为是自己操作失误就放弃了。记录实验数据必须完整、准确，不得随意更改实验数据，或只记录“好”的数据，舍弃“不好”的数据。实验数据应记录在预习报告本已画好的数据表格中，字迹要清楚、整齐。

1.1.2.3 实验报告

书写实验报告是化学实验课程的基本训练，可使学生在实验数据处理、作图、误差分析、逻辑思维等方面都得到训练和提高，为今后写科技论文打下良好基础。

物理化学实验报告一般应包括：实验目的、实验原理、仪器与试剂、实验操作步骤、数据处理、结果和讨论等项。

实验目的应简单明了，说明实验方法及研究对象。

实验原理应在理解的基础上，用自己的语言表述出来，而不是简单地抄书。仪器装置用简图表示，并注明各部分名称。

数据处理中应写出计算公式，并注明公式所用的已知常数的数值，注意各数值所用的单位。作图必须使用坐标纸，图要端正地粘贴在报告上。有条件的话，最好使用计算机来处理实验数据。

讨论的内容可包括对实验现象的分析和解释，以及关于实验原理、操作、仪器设计和实验误差等问题的讨论，或实验成功与否的经验教训总结。

书写实验报告时，要求开动脑筋、钻研问题、耐心计算、仔细写作。通过写实验报告，达到加深理解实验内容、提高写作能力和培养严谨的科学态度的目的。

1.2 物理化学实验的误差分析

1.2.1 研究误差的目的

物理化学以测量物理量为基本内容，并对所测得数据加以合理的处理，得出某些重要的规律，从而研究体系的物理化学性质与化学反应间的关系。

然而在物理量的实际测量中，无论是直接测量的量，还是间接测量的量（由直接测量的量通过公式计算而得出的量），由于测量仪器、方法以及外界条件的影响等因素的限制，测量值与真值（或实验平均值）之间存在着一个差值，称为测量误差。

研究误差的目的是在一定的条件下得到更接近于真值的最佳测量结果；确定结果的不确定程度；根据预先所需结果，选择合理的实验仪器、实验条件和方法，以降低成本和缩短实验时间。因此，除了认真仔细地做实验外，还要有正确表达实验结果的能力。这二者是同等重要的。实验报告不仅要报告结果，同时还要指出结果的不确定程度。所以，我们要有正确的误差概念。

1.2.2 误差的种类

根据误差的性质和来源，可将测量误差分为系统误差、偶然误差和过失误差。

(1) 系统误差

在相同条件下，对某一物理量进行多次测量时，测量误差的绝对值和符号保持恒定（即恒偏大或恒偏小），这种测量误差称为系统误差。产生系统误差的原因有：

① 实验方法的理论根据有缺点，或实验条件控制不严格，或测量方法本身受到限制。如据理想气体状态方程测量某种物质蒸气的分子量时，由于实际气体与理想气体的偏差，若不用外推法，测量结果总较实际分子量大。

② 仪器不准或不灵敏、仪器装置精度有限、试剂纯度不符合要求等。例如滴定管刻度不准。

③ 个人习惯误差，如读滴定管读数常偏高（或常偏低），计时常常太早（或太迟），等等。

系统误差决定了测量结果的准确度。通过校正仪器刻度、改进实验方法、提高药品纯度、修正计算公式等方法可减小或消除系统误差。但有时很难确定系统误差的存在，往往用几种不同的实验方法，或改变实验条件，或不同的实验者进行测量，来确定系统误差的存在，并设法减小或消除之。

(2) 偶然误差

在相同实验条件下，多次测量某一物理量时，每次测量的结果都会不同，它们围绕着某一数值无规则地变动，误差绝对值时大时小，符号时正时负。这种测量误差称为偶然误差。产生偶然误差的原因可能有：

① 实验者对仪器最小分度值以下的估读每次很难相同。

② 测量仪器的某些活动部件所指测量结果每次很难相同，尤其是质量较差

的电学仪器最为明显。

③ 影响测量结果的某些实验条件如温度值，不可能在每次实验中控制得绝对相同。

偶然误差在测量时不可能消除，也无法估计，但是它服从统计规律，即它的大小和符号一般服从正态分布。若以横坐标表示偶然误差，纵坐标表示实验次数（即偶然误差出现的次数），可得到图 1-2-1。其中 σ 为标准误差（见 1.2.4）。

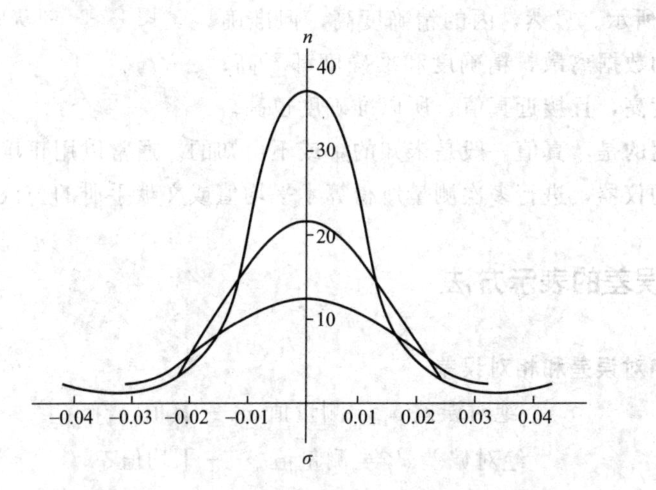

图 1-2-1　偶然误差正态分布

由图中曲线可见：①σ 愈小，分布曲线愈尖锐，即偶然误差小的出现的概率大。②分布曲线关于纵坐标呈轴对称，也就是说误差分布具有对称性，说明误差出现的绝对值相等，且正负误差出现的概率相等。当测量次数 n 无限多时，偶然误差的算术平均值趋于零：

$$\lim_{n \to \infty} \overline{\delta} = \lim_{n \to \infty} \frac{1}{n} \sum_{i=1}^{n} \delta_i = 0 \tag{1-2-1}$$

因此，为减小偶然误差，常常对被测物理量进行多次重复测量，以提高测量的精确度。

(3) 过失误差

是由实验者在实验过程中不应有的失误而引起的。如数据读错、记录错、计算出错或实验条件失控而发生突然变化等。只要实验者细心操作，这类误差是完全可以避免的。

1.2.3 准确度和精确度

准确度指的是测量值与真值符合的程度。测量值越接近真值，则准确度越好。精确度指的是多次测量某物理量时，其数值的重现性。重现性好，精确度高。值得注意的是，精确度高的，准确度不一定好；相反，若准确度好，精确度一定高。例如甲、乙、丙三人，使用相同的试剂，在进行酸碱中和滴定时，用不同的酸式滴定管，分别测得三组数据，如图 1-2-2 所示。显然，丙的精确度高，但准确度差；乙的数据离散，精确度和准确度都不高；甲的精确度高，且接近真值，所以准确度也高。

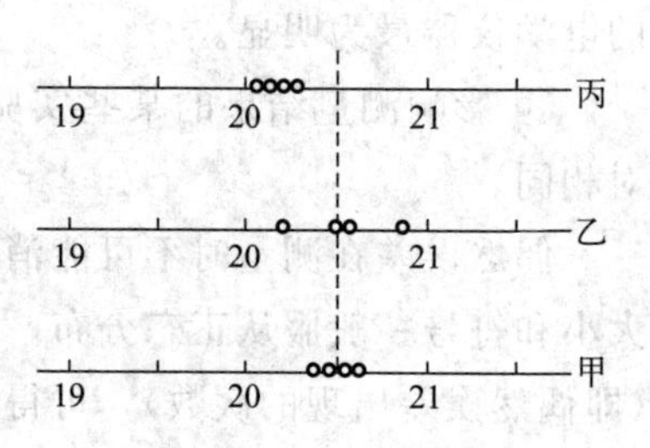

图 1-2-2　准确度和精确度

应说明的是，真值一般是未知的，或不可知的。通常以用正确的测量方法和经校正过的仪器，进行多次测量所得算术平均值或文献手册的公认值作为真值。

1.2.4　误差的表示方法

(1) 绝对误差和相对误差

$$绝对误差\ \delta_i = 测量值\ x_i - 真值\ x_{真} \tag{1-2-2}$$

$$绝对偏差\ d_i = 测量值\ x_i - 平均值\ \overline{x} \tag{1-2-3}$$

平均值（或算术平均值）$\overline{x}$：

$$\overline{x} = \left(\sum_{i=1}^{n} x_i\right) \Big/ n \tag{1-2-4}$$

式中，x_i 为第 i 次的测量值；n 为测量次数。如前所述 $x_{真}$ 是未知的，习惯上以 $\overline{x}$ 作为 $x_{真}$，因而误差和偏差也混用而不加以区别。

$$相对误差 = \frac{\delta_i}{\overline{x}} \times 100\% \tag{1-2-5}$$

绝对误差的单位与被测量的单位相同，而相对误差是无量纲的。因此，不同物理量的相对误差可以互相比较。此外，相对误差还与被测量的大小有关。所以在比较各种被测量的精确度或评定测量结果质量时，采用相对误差更合理些。

(2) 平均误差和标准误差

$$平均误差\ \overline{\delta} = \frac{\sum_{i=1}^{n} |x_i - \overline{x}|}{n} = \frac{1}{n}\sum_{i=1}^{n} |\delta_i| \tag{1-2-6}$$

标准误差又称为均方根误差，以 σ 表示，定义为：

$$\sigma = \sqrt{\frac{1}{n-1}\sum_{i=1}^{n}(x_i - \overline{x})^2} = \sqrt{\frac{1}{n-1}\sum_{i=1}^{n}\delta_i^2} \tag{1-2-7}$$

其中，$n-1$ 称为自由度，指独立测定的次数减去在处理这些测量值时所用外加关系条件的数目，当测量次数 n 有限时，$\overline{x}$ 这个等式［即式(1-2-4)］为外加条件，所以自由度为 $n-1$。

用标准误差表示精确度比用相对平均误差［$(\overline{\delta}/\overline{x})\times 100\%$］好。用相对平均误差评定测量精度优点是计算简单，缺点是可能把质量不高的测量给掩盖了。而用标准误差时，测量误差平方后，较大的误差更显著地反映出来，更能说明数据的分散程度。因此在精密地计算测量误差时，大多采用标准误差。

1.2.5 可疑测量值的取舍

下面介绍一种简易的判断方法。根据概率论，大于 3σ 的误差出现的概率只有 0.3%，通常把这一数值称为极限误差。在无数次测量中，若有个别测量误差超过 3σ，则可以舍弃。但若只有少数几次测量值，概率论不适用，对此采用的方法是先略去可疑的测量值，计算平均值和平均误差 ε，然后计算出可疑值与平均值的偏差 d，如果 $d\geqslant 4\varepsilon$，则此可疑值可以舍去，因为这种测量值存在的概率大约只有 0.1%。

要注意的另一问题是，舍弃的数值个数不能超出总数据数的五分之一，且当一数据与另一或几个数据相同时，也不能舍去。

上述这种对可疑测量值的取舍方法只能用于对原始数据的处理，其他情况则不能。

1.2.6 直接测量结果的误差——误差传递

大多数物理化学数据的测量，往往是把一些直接测量值代入一定的函数关系式中，经过数学运算才能得到，这就是前面曾提到的间接测量。显然，每个直接测量值的准确度都会影响最后结果的准确度。

(1) 平均误差和相对平均误差的传递

设直接测量的物理量为 x 和 y，其平均误差分别为 $\mathrm{d}x$ 和 $\mathrm{d}y$，最后结果为 u，其函数关系为：$u=f(x,\ y)$

其微分式为：
$$\mathrm{d}u=\left(\frac{\partial u}{\partial x}\right)_y \mathrm{d}x+\left(\frac{\partial u}{\partial y}\right)_x \mathrm{d}y$$

当 Δx 与 Δy 很小时，可能代替 $\mathrm{d}x$ 与 $\mathrm{d}y$，并考虑误差累积，故取绝对值：

$$\Delta u=\left(\frac{\partial u}{\partial x}\right)_y |\Delta x|+\left(\frac{\partial u}{\partial y}\right)_x |\Delta y| \tag{1-2-8}$$

上式称为函数 u 的绝对算术平均误差。其相对算术平均误差为：

$$\frac{\Delta u}{u}=\frac{1}{u}\left(\frac{\partial u}{\partial x}\right)_y |\Delta x|+\frac{1}{u}\left(\frac{\partial u}{\partial y}\right)_x |\Delta y| \tag{1-2-9}$$

部分函数的平均误差计算公式列于表 1-2-1。

(2) 间接测量结果的标准误差计算

设函数关系同上 $u=f(x, y)$，则标准误差为：

$$\sigma_n=\sqrt{\left(\frac{\partial u}{\partial x}\right)_y^2\sigma_x^2+\left(\frac{\partial u}{\partial y}\right)_x^2\sigma_y^2} \tag{1-2-10}$$

部分函数的标准误差计算公式列于表 1-2-2。

表 1-2-1 部分函数的平均误差计算公式

函数关系	绝对误差	相对误差
$u=x+y$	$\pm(\lvert dx\rvert+\lvert dy\rvert)$	$\pm\left(\frac{\lvert dx\rvert+\lvert dy\rvert}{x+y}\right)$
$u=x-y$	$\pm(\lvert dx\rvert+\lvert dy\rvert)$	$\pm\left(\frac{\lvert dx\rvert+\lvert dy\rvert}{x-y}\right)$
$u=xy$	$\pm(x\lvert dy\rvert+y\lvert dx\rvert)$	$\pm\left(\frac{\lvert dx\rvert}{x}+\frac{\lvert dy\rvert}{y}\right)$
$u=x/y$	$\pm\left(\frac{y\lvert dx\rvert+x\lvert dy\rvert}{y^2}\right)$	$\pm\left(\frac{\lvert dx\rvert}{x}+\frac{\lvert dy\rvert}{y}\right)$
$u=x^n$	$\pm(nx^{n-1}\lvert dx\rvert)$	$\pm\left(n\frac{\lvert dx\rvert}{x}\right)$
$u=\ln x$	$\pm\left(\frac{\lvert dx\rvert}{x}\right)$	$\pm\left(\frac{\lvert dx\rvert}{x\ln x}\right)$

表 1-2-2 部分函数的标准误差计算公式

函数关系	绝对误差	相对误差
$u=x\pm y$	$\pm\sqrt{\sigma_x^2+\sigma_y^2}$	$\pm\frac{1}{\lvert x\pm y\rvert}\sqrt{\sigma_x^2+\sigma_y^2}$
$u=xy$	$\pm\sqrt{y^2\sigma_x^2+x^2\sigma_y^2}$	$\pm\sqrt{\frac{\sigma_x^2}{x^2}+\frac{\sigma_y^2}{y^2}}$
$u=x/y$	$\pm\frac{1}{y}\sqrt{\sigma_x^2+\frac{x^2}{y^2}\sigma_y^2}$	$\pm\sqrt{\frac{\sigma_x^2}{x^2}+\frac{\sigma_y^2}{y^2}}$
$u=x^n$	$\pm nx^{n-1}\sigma_x$	$\pm\frac{n\sigma_x}{x}$
$u=\ln x$	$\pm\frac{\sigma_x}{x}$	$\pm\frac{\sigma_x}{x\ln x}$

1.2.7 测量结果的正确记录与有效数字

表示测量结果的数值，其位数应与测量精密度一致。例如称得某物的质量为 (1.3235 ± 0.0004)g，说明其中 1.323 是完全正确的，末位数 5 不确定。前面所有正确的数字和这位有疑问的数字一起称为有效数字。记录和计算时，仅需记下有效数字，多余的数字则不必记。如果一个数据未记不确定度（即精密度）范围，则严格地说，这个数据含义是不清楚的，一般可认为最后一位数字的不确定范围为±3。

由于间接测量结果需进行运算，涉及运算过程中有效数字的确定问题，下面简要介绍有关规则。

(1) 有效数字的表示法

① 误差一般只有一位有效数字，最多不得超过两位。

② 任何一个物理量的数据，其有效数字的最后一位应和误差的最后一位一致。例如：1.24±0.01 这是正确的。若记成 1.241±0.01 或 1.2±0.01，意义就不清楚了。

③ 为了明确表示有效数字的位数，一般采用指数表示法，如：1.234×10^{3}、1.234×10^{-1}、1.234×10^{-4}、1.234×10^{5} 都是四位有效数字。

若写成 0.0001234，则注意表示小数位的零不是有效数字。

若写成 123400，后面两个零就说不清它是有效数字还是只表明数字位数，而指数记数法则没有这些问题。

(2) 有效数字运算规则

① 用四舍五入规则舍弃不必要的数字。当数值的首位大于或等于 8 时，可以多算一位有效数字，如 8.31 可在运算中看成是四位有效数字。

② 加减运算时，各数值小数点后所取的位数与其中最少位数应对齐，如：

$$\begin{array}{r} 0.12 \\ 12.232 \\ +)\quad 1.4582 \\ \hline \end{array} \longrightarrow \begin{array}{r} 0.12 \\ 12.23 \\ +)\quad 1.46 \\ \hline 13.81 \end{array}$$

③ 在乘除运算中，保留各数的有效数字不大于其中有效数字位数最低者。

例如：1.576×0.0183/82，其中 82 有效位数最低，但由于首位是 8，故可看作是三位有效数字，所以其余各数都保留三位有效数字，则上式变为：1.58×0.0183/82。

④ 计算式中的常数如 π、e 或$\sqrt{2}$等，以及一些查手册得到的常数，可按需要取有效数字。

⑤ 对数运算中所取的对数位数（对数首数除外）应与真数的有效数字相同。

⑥ 在整理最后结果时，须将测量结果的误差化整，表示误差的有效数字最多两位。而当误差的第一位数为 8 或 9 时，只须保留一位，测量值的末位数应与误差的末位数对齐。例如：

测量结果：$x_1=1001.77\pm0.033$

$x_2 = 237.464 \pm 0.127$

$x_3 = 124557 \pm 878$

化整为：$x_1 = 1001.77 \pm 0.03$

$x_2 = 237.46 \pm 0.13$

$x_3 = (1.246 \pm 0.009) \times 10^5$

表示测量结果的误差时，应指明是平均误差、标准误差还是作者估计的最大误差。

1.2.8 误差分析应用举例

例如：以苯为溶剂，用凝固点下降法测萘的摩尔质量，计算公式为：$M_B = \dfrac{K_f W_B}{W_A(T_f^0 - T_f)}$。式中：A 和 B 分别代表溶剂和溶质；$W_A$、$W_B$、$T_f^0$ 和 T_f 分别为苯和萘的质量以及苯和溶液的凝固点，且均为实验直接测量值（数据见表 1-2-3、表 1-2-4）。试据这些测量值求摩尔质量的相对误差 $\dfrac{\Delta M}{M}$，并估计所求摩尔质量的最大误差。已知苯的 K_f 为 5.12K·kg/mol。

表 1-2-3 实验测得的 T_f^0、T_f 和平均误差

实验次数	1	2	3	平均	平均误差
T_f^0/℃	5.801	5.790	5.802	5.797	±0.005①
T_f/℃	5.500	5.504	5.495	5.500	±0.003②

① 平均误差 $\Delta T_f^0 = \pm\left(\dfrac{|5.801-5.797|+|5.790-5.797|+|5.802-5.797|}{3}\right)$℃

$= \pm 0.005$℃

② 平均误差 $\Delta T_f = \pm\left(\dfrac{|5.500-5.500|+|5.504-5.500|+|5.495-5.500|}{3}\right)$℃

$= \pm 0.003$℃

表 1-2-4 实验测量的 W_A、W_B 和 $(T_f^0 - T_f)$ 值及相对误差

测量值	使用仪器及测量精度	相对误差
$W_A = 20.00$g	工业天平，±0.05g	$\dfrac{\Delta W_A}{W_A} = \dfrac{0.05}{20} = \pm 2.5 \times 10^{-3}$
$W_B = 0.1472$g	电子天平，±0.0002g	$\dfrac{\Delta W_B}{W_B} = \dfrac{0.0002}{0.15} = \pm 1.3 \times 10^{-3}$
$T_f^0 - T_f = 0.297$ ℃	贝克曼温度计，±0.002 ℃	$\dfrac{\Delta T_f^0 + \Delta T_f}{T_f^0 - T_f} = \dfrac{0.008①}{0.3} = \pm 0.027$

① $\Delta T_f^0 + \Delta T_f = \pm(0.005 + 0.003)$℃ $= \pm 0.008$℃。

据误差传递公式有：

$$\frac{\Delta M}{M}=\pm\left(\frac{\Delta W_{\mathrm{A}}}{W_{\mathrm{A}}}+\frac{\Delta W_{\mathrm{B}}}{W_{\mathrm{B}}}+\frac{\Delta T_{\mathrm{f}}^{0}+\Delta T_{\mathrm{f}}}{T_{\mathrm{f}}^{0}-T_{\mathrm{f}}}\right)$$

$$=\pm\left(\frac{0.05}{20}+\frac{0.0002}{0.15}+\frac{0.008}{0.3}\right)$$

$$=\pm 0.031$$

$$M=\frac{5.12\mathrm{K}\cdot\mathrm{kg}\cdot\mathrm{mol}^{-1}\times 1000\times 0.1472\mathrm{g}}{20.00\mathrm{g}\times 0.297\mathrm{K}}=127\mathrm{g}\cdot\mathrm{mol}^{-1}$$

$$\Delta M=\pm 127\mathrm{g}\cdot\mathrm{mol}^{-1}\times 0.031=\pm 3.9\mathrm{g}\cdot\mathrm{mol}^{-1}$$

所以 $$M=(127\pm 4)\mathrm{g}\cdot\mathrm{mol}^{-1}$$

从以上测量结果可见，最大误差来源是温度差的测量，而温度差的误差又受到测温精度和操作技术条件的限制。只有当测量操作控制精度和仪器精度相符时，才能以仪器的测量精度估计测量的最大误差。上例中贝克曼温度计的读数精度可达±0.002℃，而温度差测量的最大误差达0.008℃，所以不能直接用贝克曼温度计的测量精度来估计测量的最大误差。因此，在实验之前要估算各测量值的误差，有助于正确选择实验方法和选用精密度相当的仪器，以达到预期的效果。

1.3 物理化学实验数据的表达方法

物理化学实验数据的表达方法主要有三种：列表法、作图法和数学方程式法。下面分别介绍这三种方法。

1.3.1 列表法

在物理化学实验中，数据测量一般至少包括两个变量，在实验数据中选出自变量和因变量。列表法就是将这一组实验数据的自变量和因变量的各个数值以一定的形式和顺序一一对应列出来。

列表时应注意以下几点：

① 每个表都应写出表的序号及表的名称；

② 表格的每一行都应该详细写出名称及单位，名称用符号表示，因为表中列出的通常是一些纯数（数值），所以行首的名称及单位应写成名称符号/单位符号，如 p(压力)/Pa。

③ 表中的数值应用最简单的形式表示，公共的乘方因子应放在栏头注明。

④ 每一行中的数字要排列整齐，小数点应对齐，应注意有效数字的位数。

1.3.2 作图法

(1) 作图法在物理化学实验中的应用

用作图法表达物理化学实验数据，能清楚地显示出所研究的变量的变化规律，如极大值、极小值、转折点、周期性、数值的变化速率等重要参数。根据所作的图形，我们还可以作切线、求面积，将数据进一步处理。作图法的应用极为广泛，其中最重要的有：

① 求外推值。有些不能由实验直接测定的数据，常常可以用作图外推的方法求得。利用测量数据间的线性关系，外推至测量范围之外，求得某一函数的极限值，这种方法称为外推法。例如用黏度法测定高聚物的分子量实验中，首先必须用外推法求得溶液的浓度趋于零时的黏度（即特性黏度）值，才能算出分子量。

② 求极值或转折点。函数的极大值、极小值或转折点，在图形上表现得很直观。例如环己烷-乙醇双液系相图确定最低恒沸点（极小值）。

③ 求经验方程。若因变量与自变量之间有线性关系，那么就应符合下列方程

$$y = ax + b$$

它们的几何图形应为一直线，a 是直线的斜率，b 是直线在轴上的截距。应用实验数据作图，作一条尽可能连接诸实验点的直线，从直线的斜率和截距便可求得 a 和 b 的具体数据，从而得出经验方程。

对于因变量与自变量之间是曲线关系而不是直线关系的情况，可对原有方程或公式作若干变换，转变成直线关系。如朗缪尔吸附等温式：

$$\Gamma = \Gamma_{\infty} \frac{Kc}{1 + Kc}$$

吸附量 Γ 与浓度 c 之间为曲线关系，难以求出饱和吸附量 Γ_{∞}。可将上式改写成：

$$\frac{c}{\Gamma} = \frac{1}{K\Gamma_{\infty}} + \frac{1}{\Gamma_{\infty}}c$$

以 $\frac{c}{\Gamma}$ 对 c 作图得一直线，其斜率的倒数为 Γ_{∞}。

④ 作切线求函数的微商。作图法不仅能表示出测量数据间的定量函数关系，而且可以从图上求出各点函数的微商。具体做法是在所得曲线上选定若干点，然

后用镜像法作出各切线，计算出切线的斜率，即得该点函数的微商值。

⑤ 求导数函数的积分值（图解积分法）。如图形中的因变量是自变量的导数函数，则在不知道该导数函数解析表达式的情况下，也能利用图形求出定积分值，称图解积分，通常求曲线下所包含的面积时常用此法。

(2) 作图方法

作图首先要选择坐标纸。坐标纸分为直角坐标纸、半对数或对数坐标纸、三角坐标纸和极坐标纸等几种，其中直角坐标纸最常用。

选好坐标纸后，还要正确选择坐标标度，要求：① 要能表示全部有效数字。② 坐标轴上每小格的数值应可方便读出，且每小格所代表的变量应为 1、2、5 的整数倍，不应为 3、7、9 的整数倍。如无特殊需要，可不必将坐标原点作为变量零点，而从略低于最小测量值的整数开始，可使作图更紧凑，读数更精确。③ 若曲线是直线或近乎直线，坐标标度的选择应使直线与 x 轴成 45°夹角。

然后，将测得的数据以点描绘于图上。在同一图上，如有几组测量数据，可分别用△、×、⊙、○、●等不同符号加以区别，并在图上对这些符号进行注释。

作出各测量点后，用直尺或曲线板画直线或曲线。要求线条能连接尽可能多的实验点，但不必通过所有点，未连接的点应均匀分布于曲线两侧，且与曲线的距离应接近相等。曲线要求光滑均匀，细而清晰。连线的好坏会直接影响实验结果的准确性，如有条件推荐用计算机作图。

在曲线上作切线，通常用两种方法：

① 镜像法。若需在曲线上某一点 A 作切线，可取一平面镜垂直放于图纸上，也可用玻璃棒代替镜子，使玻璃棒和曲线的交线通过 A 点。此时，曲线在玻璃棒中的像与实际曲线不相吻合，以 A 点为轴旋转玻璃棒，使玻璃棒中的曲线与实际曲线重合时，沿玻璃棒作直线 MN，这就是曲线在该点的法线，再通过 A 点作 MN 的垂线 CD，即可得切线，见图 1-3-1。

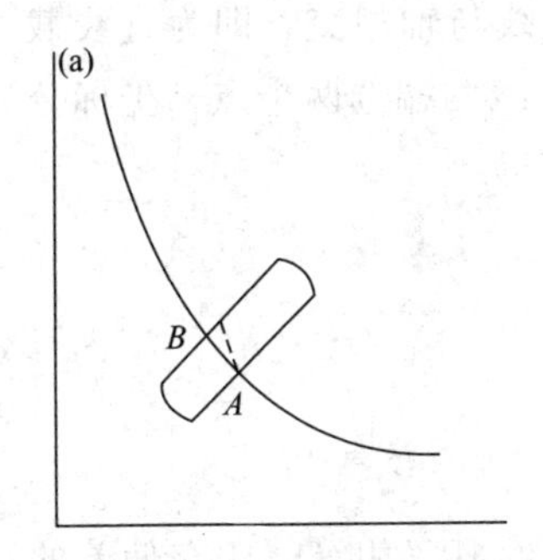

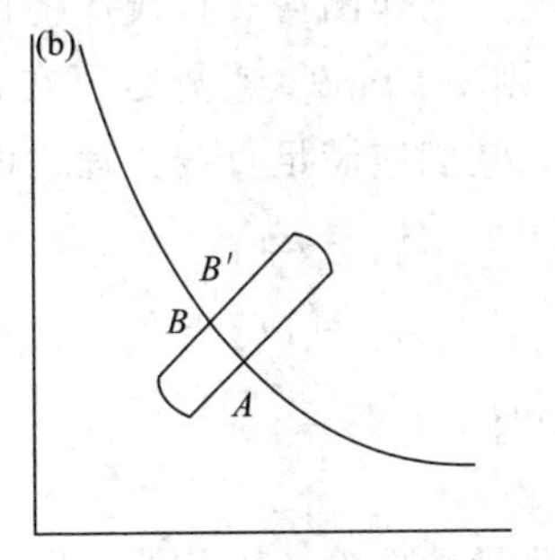

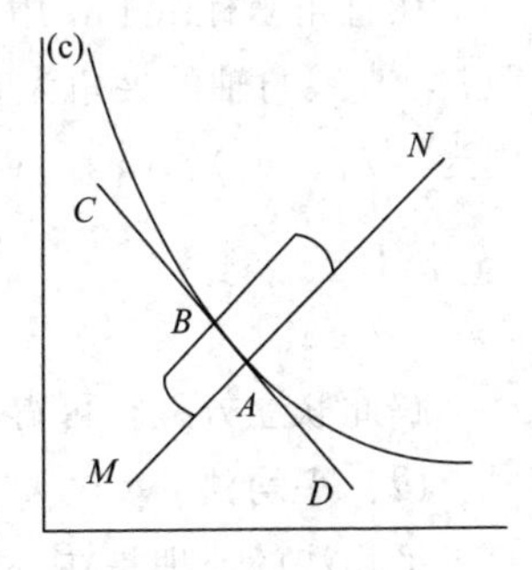

图 1-3-1 镜像法作切线的方法

② 平行线法。在所选择的曲线段上，作两条平行线 AB、CD，连接两线段

的中点 M、N 并延长与曲线交于 O 点，通过 O 点作 CD 的平行线 EF，即为通过 O 点的切线，见图 1-3-2。

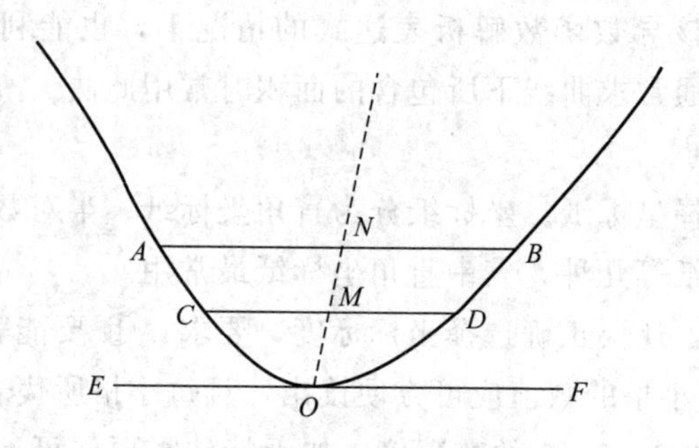

图 1-3-2　平行线法作切线示意图

1.3.3 数学方程式法

一组实验数据可以用数学方程式表示，一方面可以反映出数据间的内在规律性，便于进行理论解释或说明；另一方面表示简单明了，还可进行微分、积分等其他变换。

对于一组实验数据，一般没有一个简单方法可以直接得到一个理想的经验公式，通常是先将一组实验数据画图，根据经验和解析几何原理，推测经验公式的应有形式。将数据拟合成直线方程比较简单，但往往数据点间并不成线性关系，必须根据曲线的类型，确定几个可能的经验公式，然后将曲线方程转变成直线方程，再重新作图，看实验数据是否与此直线方程相符，最终确定理想的经验公式。

下面介绍几种直线方程拟合的方法。直线方程的基本形式是 $y=ax+b$，直线方程拟合就是根据若干自变量 x 与因变量 y 的实验数据确定 a 和 b。

(1) 作图法

在直角坐标纸上，用实验数据作图得一直线，将直线与轴相交，即为直线截距 b，直线与轴的夹角为 θ，则 $a=\tan\theta$。另外也可在直线两端选两个点，坐标分别为 (x_1, y_1)、(x_2, y_2)，它们应满足直线方程，可得

$$\begin{cases} y_1=ax_1+b \\ y_2=ax_2+b \end{cases}$$

解此联立方程，可得 a 和 b。

(2) 平均法

平均法的原理是在一组测量数据中，正负偏差出现的概率相等，所有偏差的代数和将为零。计算时将所测的 m 组实验值代入方程 $y=ax+b$，得 m 个方程。将此方程分为数目相等的两组，将每组方程各自相加，分别得到方程如下：

$$\sum_{1}^{m/2} y_i = a\sum_{1}^{m/2} x_i + b$$

$$\sum_{(m/2)+1}^{m} y_i = a\sum_{(m/2)+1}^{m} x_i + b$$

解此联立方程，可得 a 和 b。

(3) 最小二乘法

假定测量所得数据并不满足方程 $y=ax+b$ 或 $ax-y+b=0$，而存在所谓残差 δ。令：$\delta_i = ax_i - y_i + b$。最好的曲线应能使各数据点的残差平方和（$\Delta$）最小。即 $\Delta = \sum_{1}^{n}\delta_i^2 = \sum_{1}^{n}(ax_i - y_i + b)^2$ 最小。对于求函数 Δ 极值，我们知道一阶导数 $\frac{\partial\Delta}{\partial a}$ 和 $\frac{\partial\Delta}{\partial b}$ 必定为零，可得以下方程组：

$$\begin{cases} \dfrac{\partial\Delta}{\partial a} = 2\sum_{1}^{n} x_i(ax_i - y_i + b) = 0 \\ \dfrac{\partial\Delta}{\partial b} = 2\sum_{1}^{n}(ax_i - y_i + b) = 0 \end{cases}$$

变换后可得：

$$\begin{cases} a\sum_{1}^{n} x_i^2 + b\sum_{1}^{n} x_i = \sum_{1}^{n} x_i y_i \\ a\sum_{1}^{n} x_i + nb = \sum_{1}^{n} y_i \end{cases}$$

解此联立方程得 a 和 b：

$$\begin{cases} a = \dfrac{n\sum x_i y_i - \sum x_i \sum y_i}{n\sum x_i^2 - \left(\sum x_i\right)^2} \\ b = \dfrac{\sum y_i}{n} - a\dfrac{\sum x_i}{n} \end{cases}$$

1.4 计算机处理物理化学实验数据的方法

1.4.1 物理化学实验数据处理的方法

物理化学实验中常用的数据处理方法主要有三种：

（1）图形分析及公式计算

如“燃烧热的测定”“反应热量计的应用”“凝固点降低法测定摩尔质量”“差热分析”“离子迁移数的测定——希托夫法”“极化曲线的测定”“电导法测定弱电解质的电离常数”“电泳”“磁化率的测定”等实验均用此方法。

（2）线性拟合

用实验数据作图或对实验数据计算后作图，然后线性拟合，由拟合直线的斜率或截距求得需要的参数。如“液体饱和蒸气压的测定”“氢超电势的测定”“一级反应——蔗糖的转化”“丙酮碘化反应速率常数的测定”“乙酸乙酯皂化反应速率常数的测定”“黏度法测大分子化合物的分子量”“固体比表面的测定”“偶极矩的测定”等实验均用此方法。

（3）非线性曲线拟合

非线性曲线拟合，作切线，求截距或斜率

如“溶液表面吸附的测定”“沉降分析”等实验用此方法。

第一种数据处理方法用计算器即可完成，第二和第三种数据处理方法可用 Origin 软件在计算机上完成。第二种数据处理方法即线性拟合用 Origin 软件很容易完成。第三种数据处理方法即非线性曲线拟合，如果已知曲线的函数关系，可直接用函数拟合，由拟合的参数得到需要的物理量；如果不知道曲线的函数关系，可根据曲线的形状和趋势选择合适的函数和参数，以达到最佳拟合效果。多项式拟合适用于多种曲线，通过对拟合的多项式求导得到曲线的切线斜率，由此进一步处理数据。

1.4.2 Origin 软件处理物理化学实验数据的操作

Origin 软件数据处理基本功能有：对数据进行函数计算或输入表达式计算，数据排序，选择需要的数据范围，数据统计、分类、计数、关联、*t*-检验等。Origin 软件图形处理基本功能有：数据点屏蔽、平滑、FFT 滤波、差分与积分、基线校正、水平与垂直转换、多个曲线平均、插值与外推、线性拟合、多项式拟合、指数衰减拟合、指数增长拟合、S 形拟合、Gaussian 拟合、Lorentzian 拟合、多峰拟合、非线性曲线拟合等。

物理化学实验数据处理主要用到 Origin 软件的如下功能：对数据进行函数计算或输入表达式计算、数据点屏蔽、线性拟合、插值与外推、非线性曲线拟合、多项式拟合、差分等。

对数据进行函数计算或输入表达式计算的操作如下：在工作表中输入实验数据，右击需要计算的数据行顶部，从快捷菜单中选择“Set Column Values”，在文本框中输入需要的函数、公式和参数，点击“OK”，即刷新该行的值。

Origin 可以屏蔽单个数据或一定范围的数据，用于去除不需要的数据。屏蔽图形中的数据点操作如下：打开“View”菜单中的“Toolbars”，选择“Mask”，然后点击“Close”。点击工具条上“Mask Point Toggle”图标，双击图形中需要屏蔽的数据点，数据点变为红色，即被屏蔽。点击工具条上“Hide/Show Mask Points”图标，隐藏屏蔽数据点。

线性拟合的操作如下：绘制散点图，选择“Analysis”菜单中的“Fit Linear”或“Tools”菜单中的“Linear Fit”，即可对该图形进行线性拟合。结果记录中显示拟合直线的公式、斜率和截距的值及其误差、相关系数、标准偏差等数据。

插值与外推的操作如下：线性拟合后，在图形状态下选择“Analysis”菜单中的“Interpolate/Extrapolate”，在对话框中输入最大 X 值和最小 X 值及直线的点数，即可对直线插值和外推。

Origin 提供了多种非线性曲线拟合方式：①在“Analysis”菜单中提供了多项式拟合、指数衰减拟合、指数增长拟合、S 形拟合、Gaussian 拟合、Lorentzian 拟合和多峰拟合等拟合函数；在“Tools”菜单中提供了多项式拟合和 S 形拟合。②“Analysis”菜单中的“Non-linear Curve Fit”选项提供了许多拟合函数的公式和图形。③“Analysis”菜单中的“Non-linear Curve Fit”选项可让用户自定义函数。

多项式拟合适用于多种曲线，且方便易行，操作如下：对数据作散点图，选择“Analysis”菜单中的“Fit Polynomial”或“Tools”菜单中的“Polynomial Fit”，打开多项式拟合对话框，设定多项式的级数、拟合曲线的点数、拟合曲线中 X 的范围，点击“OK”或“Fit”即可完成多项式拟合。结果记录中显示拟合的多项式公式、参数的值及其误差、R^2（相关系数的平方）、SD（标准偏差）、N（曲线数据的点数）、P 值（$R^2=0$ 的概率）等。

差分即对曲线求导，在需要作切线时用到。可对曲线拟合后，对拟合的函数手工求导，或用 Origin 对曲线差分，操作如下：选择需要差分的曲线，点击“Analysis”菜单中的“Calculus/Differentiate”，即可对该曲线差分。

另外，Origin 可打开 Excel 工作簿，调用其中的数据，进行作图、处理和分析。Origin 中的数据表、图形以及结果记录可复制到 Word 文档中，并进行编辑处理。

关于 Origin 软件的其他更详细的用法，可参照 Origin 用户手册及有关参考资料。

第2章

实验仪器设备使用简介

2.1 燃烧热实验仪

2.1.1 简介

SHR-15A 燃烧热实验仪是厂家采纳用户意见，从满足师生做燃烧热试验方便，采集数据快捷、准确的角度出发，开发的新型仪器。SHR-15A 燃烧热实验仪集数据采集、点火控制、搅拌控制于一体，外观新颖，是做此类实验的理想仪器。

2.1.2 技术条件及使用条件

(1) 技术指标

见表 2-1-1。

表 2-1-1 燃烧热实验仪技术指标

温度测量范围	−50～150℃
温度测量分辨率	0.01℃
温差测量范围	−19.999～99.999℃
温差测量分辨率	0.001℃
计算机接口	USB接口(可选配)
点火输出	0～40V
搅拌输出	220V(50Hz)

(2) 使用条件

电源：220V±10%（50Hz）；

环境：温度−5～50℃，湿度≤85%；

场合：无腐蚀性气体。

(3) 面板示意图

① 前面板示意图见图 2-1-1。

② 后面板示意图见图 2-1-2。

2.1.3 使用方法

① 将传感器接入后面板传感器插座，用专用连接线一端接入后面板“控制输出”，另一端接热量计的输入（连接搅拌电机、氧弹），如需与电脑连接，用

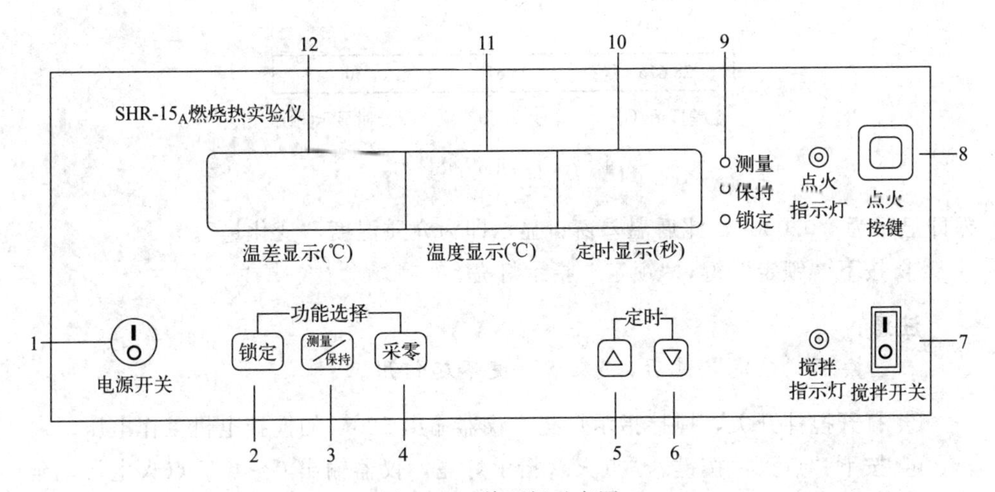

图 2-1-1 前面板示意图

1—电源开关；2—锁定键——锁定选择的基温，按下此键，基温自动锁定，此时“采零”键不起作用，直至重新开机；3—测量/保持键——测量与保持功能之间的转换；4—采零键——用于消除仪表当时的温差值；5—增时键——按下此键，延长定时时间；6—减时键——按下此键，缩短定时时间；7—搅拌开关；8—点火按键——按下此键，点火输出线输出 0～40V 交流电压；9—指示灯——相应灯亮表明仪表处于相对应的状态；10—定时显示窗口——显示设定的间隔时间；11—温度显示窗口——显示所测物的温度值；12—温差显示窗口——显示温差值

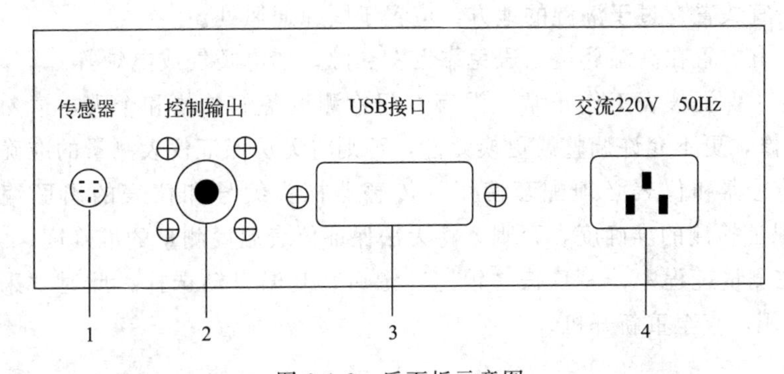

图 2-1-2 后面板示意图

1—传感器插座——将传感器插头插入此插座；2—控制输出——搅拌电机、点火输出连接处；3—USB 接口——计算机接口（可选配）；4—电源线插座——接 220V 电源（内置保险丝 2A）

USB 线与 USB 接口连接即可。最后将电源线一端与仪器连接，另一端与 220V 的电源连接。

② 打开电源开关，前面板显示如图 2-1-3，测量指示灯亮。

③ 将传感器放入被测介质中，待温度、温差相对稳定后按“采零”键，温

28.676	28.67	00
温差显示(℃)	温度显示(℃)	定时显示(秒)

图 2-1-3　前面板显示

差即显示为“0.000”，此后温差窗口显示即为介质温度“变化量”。

④ 按下“锁定”键，“锁定”指示灯亮，

注意：

按下“锁定”键后，“采零”键不起作用。

⑤ 打开搅拌开关，搅拌指示灯亮，仪器输出 220V 的搅拌电机工作电压。

⑥ 按下“点火”按键，“点火”指示灯亮，仪器输出 0～40V 点火电压，延续数秒后，点火指示灯灭，表明点火成功。

⑦ 数据采集过程如需手工记录数据或观测数据，可按一下“测量/保持”键，蜂鸣器响，温度、温差不变化，方便记录；再按一下“测量/保持”键，仪器自动跟踪测量；如需定时记录，按“定时”键可在 0～99s 之间设定记录时间的间隔。

⑧ 实验完毕，关闭电源开关，拔下电源线。

2.1.4　维护注意事项

① 不宜放置在过于潮湿的地方，应置于阴凉通风处。

② 不宜放置在高温环境，避免靠近发热源，如电暖气或电炉等。

③ 为了保证仪表工作正常，没有专门检测设备的单位和个人，请勿打开机盖进行检修，更不允许调整或更换元件，否则将无法保证仪表测量的准确度。

④ 传感器和仪表必须配套使用（传感器探头编号和仪表的出厂编号应一致），以保证检测的准确度，否则，将无法保证仪表温度测量的准确度。

⑤ 在测量过程中，一旦按“锁定”键后，基温自动选择，此时“采零”键将不起作用，直至重新开机。

2.2　量热计

2.2.1　简介

燃烧焓是指 1mol 物质在等温、等压下与氧进行完全氧化反应时的焓变，是热化学中的重要数据。一般化学反应的热效应，往往因为反应太慢或反应不完全，而不能直接测定或测不准。但是，通过盖斯定律可用燃烧热数据间接求算。因此燃烧热广泛用于各种热化学测量。测量燃烧热的原理是能量守恒定律，样品完全燃烧放出的能量使量热计本身及其周围介质（本实验用水）温度升高，测量得到介质燃烧前后温度的变化，就可计算该样品的恒容燃烧热。许多物质的燃烧热和反应热已经测定。本实验燃烧热是在恒容情况下测定的。

系统除样品燃烧放出热量引起系统温度升高以外还有其他因素，这些因素都须进行校正。其中系统热漏必须经过雷诺作图法校正。校正方法如下：

称适量待测物质，估计其燃烧后可使水温升高1.5～2.0℃，预先调节水温使其低于环境1.0℃左右。按操作步骤进行测定，将燃烧前后所得的一系列水温和时间关系作图，可得如图2-2-1(a) 中的图形，图中H点意味着开始燃烧，热传入介质；D点为观察到的最高温度值；从相当于室温的J点作水平线交曲线于I，过I点作垂线ab，再将FH线和GD线延长并交ab线于A、C两点。A点与C点所表示的温度差即为欲求温度的升高ΔT。图中AA'为开始燃烧到温度上升至室温这一段时间Δt_1内，由环境辐射和搅拌引进的能量而造成量热计温度的升高，必须扣除之。CC'为室温升高到最高点D这一段时间Δt_2内，量热计向环境热漏造成的温度降低，计算时必须考虑在内。由此可见，AC两点的差值较客观地表示了由于样品燃烧使温度升高的数值。

有时量热计的绝热情况良好，热漏小，而搅拌器功率大，不断引进少许能量而使燃烧后的最高点不出现，如图2-2-1(b) 所示。其校正方法同前述。

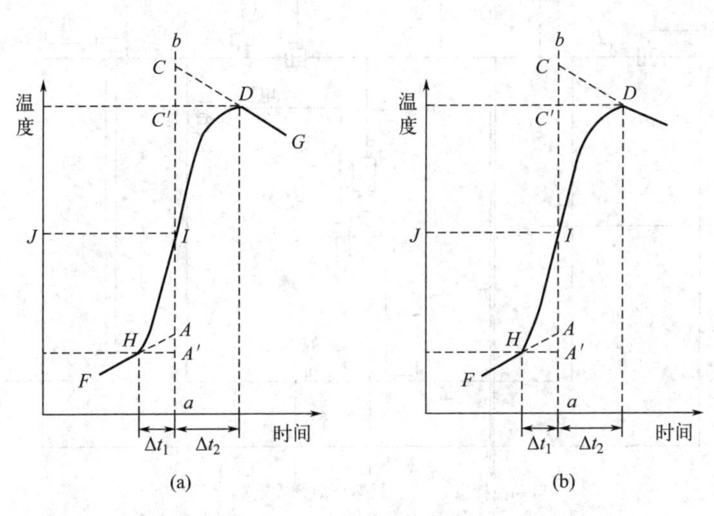

图2-2-1　雷诺作图法校正

2.2.2 仪器药品

氧弹式量热计；SHR-15A 燃烧热实验仪；氧气钢瓶、减压阀；压片机；YCY-4 充氧器；燃烧丝；萘；苯甲酸。

2.2.3 量热计示意图

见图 2-2-2～图 2-2-4。

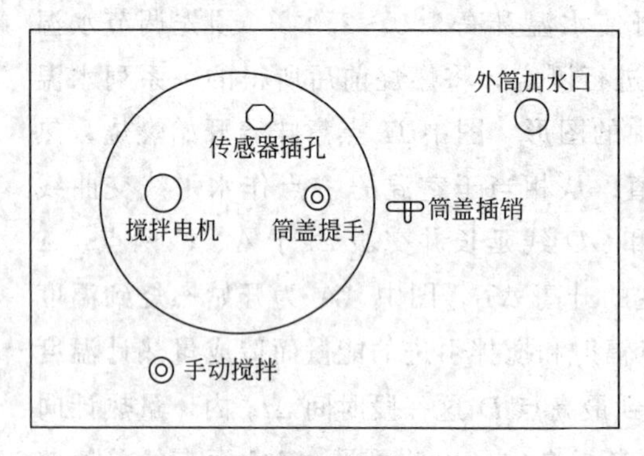

图 2-2-2 量热计顶部示意图

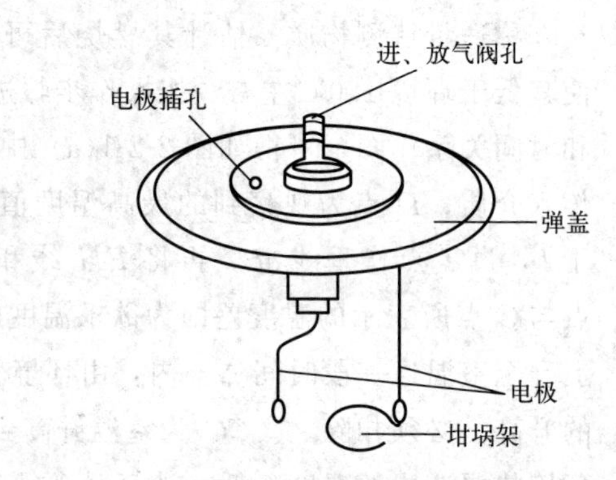

图 2-2-3 氧弹结构示意图

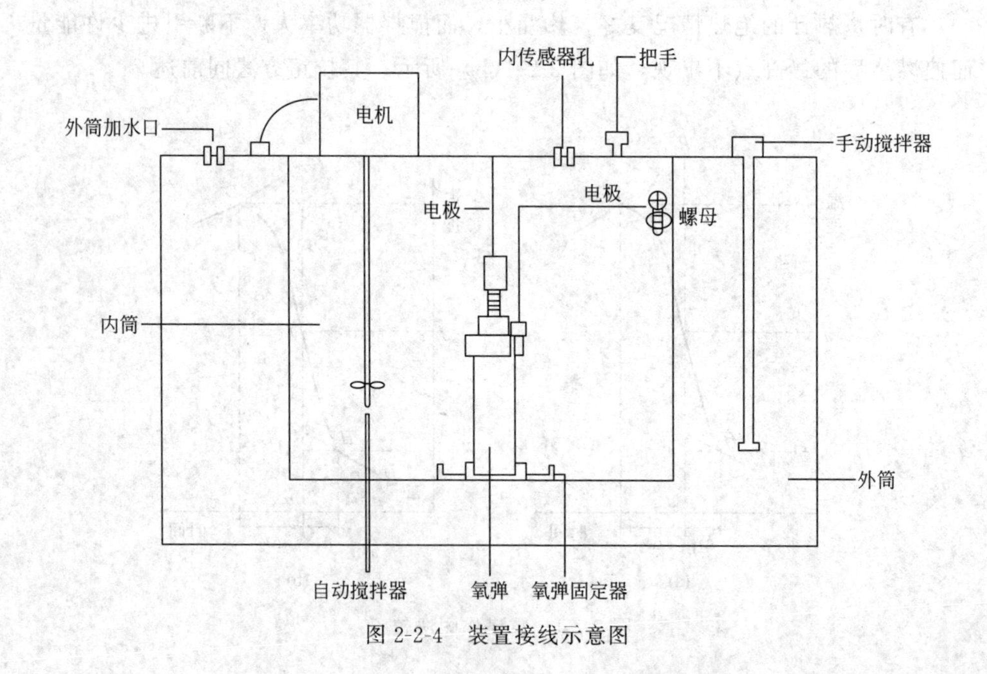

图 2-2-4 装置接线示意图

2.2.4 使用方法

仔细阅读《SHR-15A燃烧热实验仪说明书》。

将量热计及全部附件进行整理并洗净。

(1) 压片

先用天平粗称1.0g左右的苯甲酸，在压片机中压成片状。(不能压太紧，否则点火后不能充分燃烧。) 压成片状后，再在天平上准确称重。

(2) 装样

旋开氧弹，把氧弹的弹头放在弹头架上，将样品苯甲酸放入坩埚内，把坩埚放在燃烧架上。取一根燃烧丝并测量其长度，然后将燃烧丝两端分别固定在弹头中的两根电极上，中部贴紧样品苯甲酸。(燃烧丝与坩埚壁不能相碰。) 在弹杯中注入10mL水，把弹头放入弹杯中，用手拧紧。

(3) 充氧

使用高压钢瓶时必须严格遵守操作规程。开始先充入少量氧气（约0.5MPa），然后将氧弹中的氧气放掉，以赶出弹中空气。再向氧弹中充入约2MPa的氧气。

(4) 调节水温

将量热计外筒内注满水，用手动搅拌器稍加搅动。按使用说明书将量热计与燃烧热实验仪连接起来，打开SHR-15A燃烧热实验仪的电源（不要开启搅拌开关），将传感器插入外筒加水口测其温度，待温度稳定后，记录其温度值。再用桶取适量自来水，测其温度，如温度偏高或相同则加冰调节水温使其低于外筒水温1℃左右。用容量瓶精确量取3000mL已调好的自来水注入内筒，再将氧弹放入，水面刚好没过氧弹。如氧弹有气泡逸出，说明氧弹漏气，寻找原因并排除。将黑色电极线按图2-2-4装置接线示意图连接好，盖上盖子（注意：搅拌器不要与弹头相碰），将筒盖上的插销插到上盖上，此时点火指示灯亮，同时将传感器插入内筒水中。

(5) 点火

开启搅拌开关，进行搅拌。将传感器插入内筒，待水温基本稳定后，将温差"采零"并"锁定"，然后将传感器取出，放入外筒水中，待温度稳定后，记录温差值，再将传感器放入内筒。设置定时20s，每隔20s蜂鸣器鸣响，记录温差值(精确至±0.002℃)，连续记录5min后，按下"点火"按钮，此时点火指示灯灭，停顿一会儿点火指示灯又亮，直到燃烧丝烧断，点火指示灯才灭。杯内样品一经燃烧，水温很快上升，点火成功。每隔20s，记录一次温差值，直至两次读数差值小于0.005℃，再每隔20s，记录一次温差值，连续记录5min（精确至±0.002℃)，实验结束。(注意：定时时间可根据需要自行设定)

注意：

水温没有上升，说明点火失败，应关闭电源，取出氧弹，放出氧气，仔细检查燃烧丝及连接线，找出原因并排除。

(6) 校验

实验停止后，关闭电源，将传感器放入外筒。取出氧弹，放出氧弹内的余气。旋下氧弹盖，测量燃烧后残丝长度并检查样品燃烧情况。若样品没有完全燃烧，则实验失败，须重做；反之，说明实验成功。

(7) 测量待测物

称取 0.6g 左右的萘，同法再进行上述实验一次。

2.2.5 维护注意事项

① 待测样品需干燥，受潮样品不易燃烧且称量有误。

② 注意压片的紧实程度，太紧不易燃烧，太松容易碎裂。

③ 燃烧丝应紧贴样品，点火后样品才能充分燃烧。

④ 点火后，温度急速上升，说明点火成功。若温度不变或有微小变化，说明点火没有成功或样品没有充分燃烧。应检查原因并排除。

⑤ 实验仪“采零”或正式测量后必须“锁定”。

2.3 SWC-RJ 溶解热测定装置

物质溶解于溶液中，随之发生的热效应称为溶解热。物质溶解热的大小取决于溶剂、溶质的物质本性和它们的相对量。本实验采用电热补偿法测定热效应。本装置采用一体式设计，将恒流电源、温度温差仪、磁力搅拌器等集于一体。采用铝合金机箱设计，具有体积小、重量轻、便于携带、显示清晰直观、实验数据稳定等特点，是做溶解热实验的理想实验装置。

2.3.1 技术指标及使用条件

(1) 技术指标

见表 2-3-1。

(2) 使用条件

电源：220V±10%，50Hz；

表 2-3-1 溶解热测定装置技术指标

最大加热功率	12.5W
温度测量范围	−50～150℃
温度测量分辨率	0.01℃
温差测量范围	−19.999～99.999℃
温差测量分辨率	0.001℃
输出信号	USB 接口(可选配)

环境：温度−5～50℃，湿度≤85%；

场合：无腐蚀性气体。

(3) 面板示意图

① 前面板示意图见图 2-3-1。

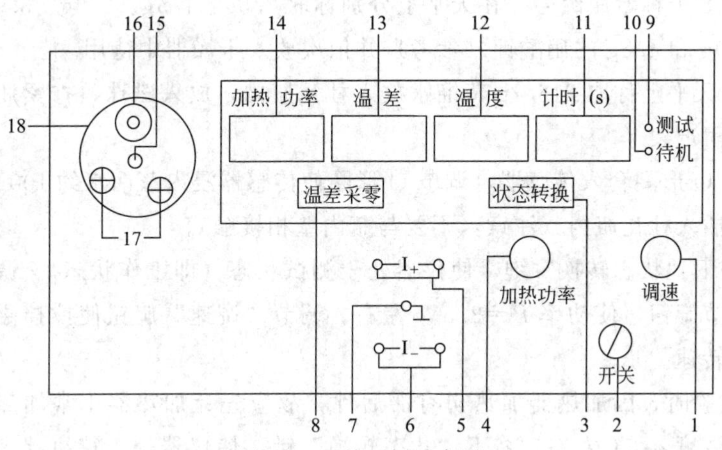

图 2-3-1 前面板示意图

1—调速旋钮；2—电源开关；3—状态转换键；4—加热功率旋钮；5—正极接线柱；6—负极接线柱；7—接地接线柱；8—温度采零；9—测试指示灯；10—待机指示灯；11—计时显示窗口；12—温度显示窗口——显示被测物的实际温度值；13—温差显示窗口；14—加热功率显示窗口；15—传感器插口；16—加料口；17—加热丝引出端；18—固定架——固定溶解热反应器

② 后面板示意图见图 2-3-2。

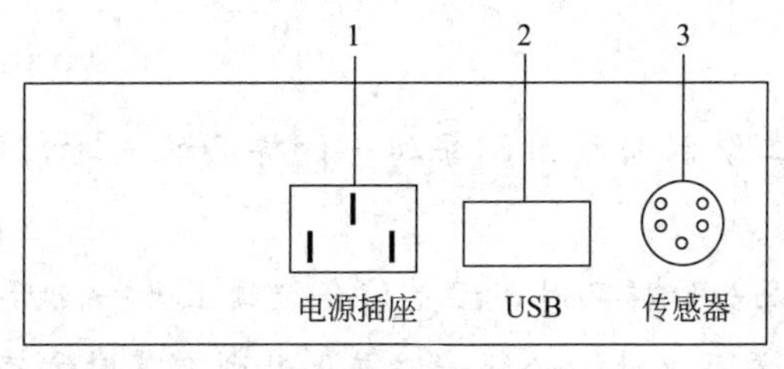

图 2-3-2 后面板示意图

1—电源插座；2—USB 口；3—传感器插座

2.3.2 使用说明

① 用电源线将仪器后面板的电源插座与220V电源连接，将传感器插头接入传感器插座，用配置的加热功率输出线接入“I_+”“I_-”“红—红”“蓝—蓝”。

② 打开电源开关，仪器处于待机状态，待机指示灯亮，如图2-3-3所示。

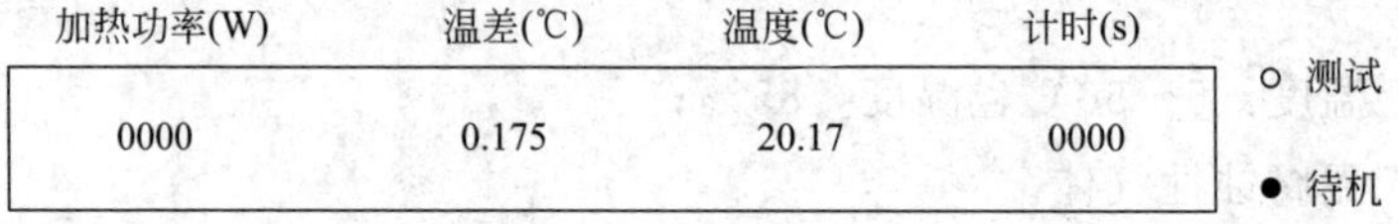

加热功率(W)	温差(℃)	温度(℃)	计时(s)
0000	0.175	20.17	0000

○ 测试

● 待机

图2-3-3 待机状态

③ 将8个称量瓶编号，在天平上分别称取2.5g、1.5g、2.5g、3.0g、3.5g、4.0g、4.0g和4.5g的硝酸钾（参考）并依次放入干燥器中待用。

④ 在天平上称取216.2g蒸馏水放入杜瓦瓶内，放入磁珠，拧紧瓶盖，并放到反应器固定架上。

⑤ 将O形圈套入传感器，调节O形圈使传感器浸入蒸馏水约100mm，把传感器探头插入杜瓦瓶内（注意：不要与瓶内壁相接触）。

⑥ 按下“状态转换”键，使仪器处于测试状态（即工作状态）。调节“加热功率”调节旋钮，使功率$P=2.5$W左右。调节“调速”旋钮使搅拌磁珠为实验所需要的转速。

⑦ 实验时，因加热器加热初有滞后性，故应先让加热器正常加热，使温度高于环境温度0.5℃左右，按下“状态转换”键，使仪器处于待机状态，待样品温度基本稳定后，按下“状态转换”键，使仪器处于测试状态，仪器自动清零，立刻打开杜瓦瓶的加料口，按编号加入第一份样品，并同步计时，如与电脑连接此刻点击开始绘图。盖好加料口塞，观察温差的变化或软件界面显示的曲线，此时温差值会继续上升一点后开始下降，下降一段时间后温差上升，当温差上升至零度时，加入第二份样品，并同步记录计时器显示的时间。依次类推，加完所有的样品。

注意：

ⅰ. 如手工绘制曲线图，每加一份样品的同时，同步记录计时时间。

ⅱ. 加入每一份样品时，温差值会继续上升一点后再下降，下降一段时间后温差再上升，必须等温差上升到零度时才可以加入样品。

ⅲ. 待机状态，加热电源无输出。工作状态，加热电源自动输出，并在由“待机”转换至“测量”瞬间，温差自动采零并锁定基温。

⑧ 实验结束，按“状态转换”键，使仪器处于待机状态。将“加热功率”调节旋钮和“调速”旋钮左旋到底，关闭电源开关，拆去实验装置。

2.3.3 维护注意事项

① 因加热器加热初有滞后性，故应先让加热器正常加热，使温度高于环境温度0.5℃左右，开始加入第一份样品的同时计时。

② 本实验应确保样品充分溶解，因此实验前应进行研磨。

③ 本实验仪不宜放置在过于潮湿的地方，应置于阴凉通风处。

④ 不宜放置在高温环境，避免靠近发热源，如电暖气或电炉等。

⑤ 为了保证仪表工作正常，没有专门检测设备的单位的个人，请勿打开机盖进行检修，更不允许调整或更换元件，否则将无法保证仪表测量的准确度。

⑥ 传感器和仪表必须配套使用（传感器探头编号和仪表的出厂编号应一致），以保证温度测量的准确度。否则，温度检测准确度会有所下降。

2.4 DP-AF 饱和蒸气压实验装置

饱和蒸气压实验装置由精密数字压力计、玻璃恒温水浴、不锈钢储气罐及玻璃仪器组成。具有显示清晰直观，实验数据稳定、可靠等特点，是做饱和蒸气压实验的理想装置。

2.4.1 工作原理及使用方法

在一定温度下与纯液体处于平衡状态时的蒸气压力，称为该温度下的饱和蒸气压，这里的平衡状态是指动态平衡。在某一温度下被测液体处于密封容器中液体分子从表面逃逸成蒸气，同时蒸气分子因碰撞壁面而凝结成液体，当两者的速率相同时，就达到了动态平衡，此时气相中的蒸气密度不再改变，因而具有一定的饱和蒸气压。DP-AF 饱和蒸气压装置就是利用这个原理而设计制造的。

2.4.1.1 DP-AF 精密数字压力计

DP-AF 精密数字压力计是低真空检测仪表，适用于负压的测量，可以代替U形水银压力计，可避免汞毒。精密数字压力计采用 CPU 对压力数据进行非线性补偿和零位自动校正，可以在较宽的环境温度范围内保证准确度。

(1) 技术指标

① 测量范围：－100.0kPa～0；

② 分辨率：四位半 0.01kPa，三位半 0.1kPa；

③ 体积：$210\times240\times85\text{mm}^3$；

④ 质量：1.5kg。

(2) 使用条件

① 电源：AC220V±10％，50Hz；

② 环境温度：－10～50℃；

③ 相对湿度：≤85％RH；

④ 压力传递介质：除氟化物气体外各种气体介质均可使用。

(3) 前面板

示意图见图 2-4-1。

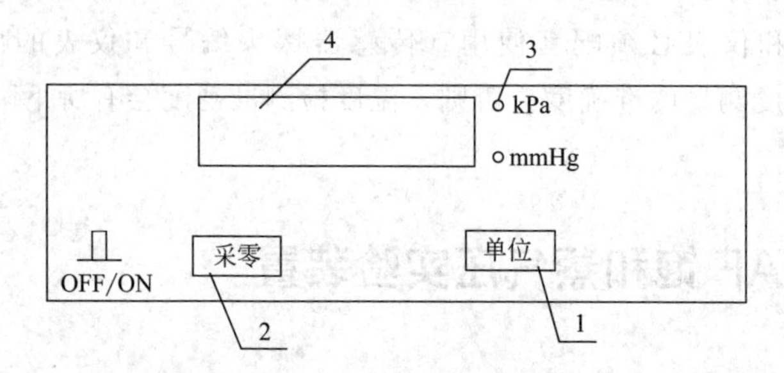

图 2-4-1 前面板示意图

1—单位键：选择所需要的计量单位；2—采零键：扣除仪表的零压力值（即零点漂移）；3—指示灯：显示不同计量单位的信号灯；4—数据显示屏：显示被测压力数据

当接通电源，初始状态为“kPa”指示灯亮，显示以 kPa 为计量单位的零压力值；按一下“单位”键，“mmHg”指示灯亮，LED 显示以 mmHg 为计量单位的压力值。

(4) 后面板

示意图见图 2-4-2。

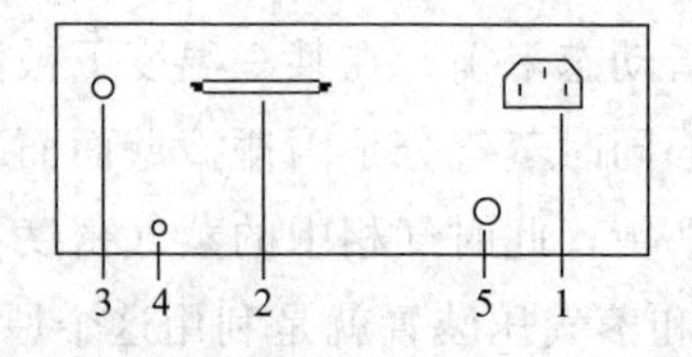

图 2-4-2 后面板示意图

1—电源插座：与 220V 相接；2—电脑串行口：与电脑主机后面板的 RS232C 串行口连接（可选配）；3—压力接口：被测压力的引入接口；4—压力调整：被测压力满量程调整；5—保险丝：0.2A

2.4.1.2 缓冲储气罐

全部采用不锈钢制造，设计新颖，外形美观，防腐性、气密性好。安装简便，使用安全、可靠。

(1) 技术条件

① 使用压力：－100kPa～250kPa；

② 系统气密性：≤0.1kPa/10s；

(2) 缓冲储气罐的使用方法

示意图见图 2-4-3。

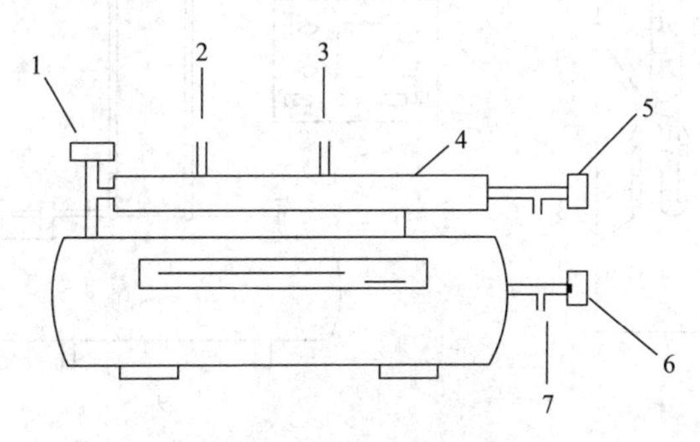

图 2-4-3 缓冲储气罐

1—阀门 2；2—端口 2；3—端口 1；4—微调部分；5—阀门 1；6—抽气阀；7—外接真空泵

① 安装。用橡胶管将真空泵气嘴与缓冲罐接嘴相连接。端口 1 用堵头塞紧。端口 2 与数字压力表连接。

② 整体气密性检查。将抽气阀、阀门 2 打开，阀门 1 关闭（三阀均为顺时针旋转关闭，逆时针旋转开启）。启动真空泵抽真空至压力为－100kPa 左右，关闭抽气阀及真空泵。观察数字压力计，若显示数值无上升，说明整体气密性良好。否则需查找并清除漏气原因，直至合格。

③ “微调部分”的气密性检查。关闭阀门 2，用阀门 1 调整“微调部分”的压力，使之低于储气罐中压力的 1/2，观察数字压力计，其显示值无变化，说明气密性良好。若显示值有上升说明阀门 1 泄漏，若下降说明阀门 2 泄漏。

(3) 与被测系统连接进行测试

用橡胶管将缓冲储气罐端口 2 与被测系统连接，端口 1 与数字压力计连接。关闭阀门 1，开启阀门 2，使“微调部分”与罐内压力相等。之后，关闭阀门 2，缓慢开启阀门 1，泄压至低于气罐压力。关闭阀门 1，观察数字压力计，显示值变化≤0.1kPa/10s，即为合格。检漏完毕，开启阀门 1 使微调部分泄压至零。

2.4.1.3 玻璃恒温水浴

玻璃恒温水浴为选配设备，可选用 SYP 系列玻璃恒温水浴。

2.4.1.4 饱和蒸气压实验步聚

① 上述各组成部分检测后，按图 2-4-4 用橡胶管将各仪器连接成饱和蒸气压实验装置。

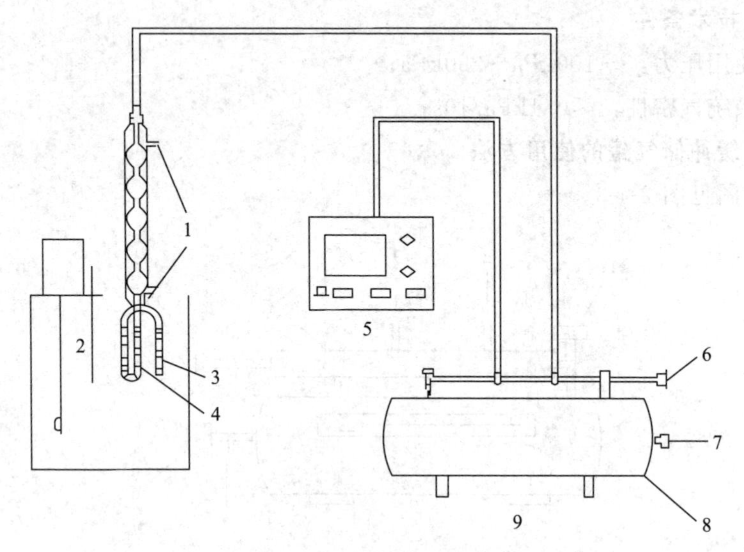

图 2-4-4　饱和蒸气压系统装置

1—冷凝管；2—温度计；3—试液球；4—U 形等位计；5—数字压力计；
6—阀门 1；7—抽气阀；8—真空泵；9—缓冲储气罐

② 取下等位计，向加料口注入乙醇。使乙醇充满试液球体积的 2/3 和 U 形等位计的大部分，按图 2-4-4 接好等位计。

③ 测定：接通冷却水，设定玻璃恒温水浴温度为 25℃，打开搅拌器开关，将回差处于 0.2。当水浴温度达到 25℃时，将真空泵接到抽气阀上，关闭阀门 1，打开阀门 2（在整个实验过程中阀门 2 始终处于打开状态，无需再动）。开启真空泵，打开抽气阀使体系中的空气被抽出（压力计上显示－90kPa 左右）。当 U 形等位计内的乙醇沸腾 3～5min 时，关闭抽气阀和真空泵，缓缓打开阀门 1，漏入空气，当 U 形等位计中两臂的液面平齐时关闭阀门 1。若等位计液柱再变化，再打开阀门 1 使液面平齐，待液柱不再变化时，记下恒温槽温度和压力计上的压力值。若液柱始终变化，说明空气未抽干净，应重复上述步骤。

如法测定 30℃、35℃、40℃、45℃、50℃时乙醇的蒸气压。

注意：

测定过程中如不慎使空气倒灌入试液球，则需重新抽真空后方能继续测定。如升温过程中，U 形等位计内液体发生暴沸，可缓缓打开平衡阀 1，漏入少量空气，防止管内液体大量挥发而影响实验进行。

实验结束后，慢慢打开抽气活塞，使压力计恢复零位。用虹吸法放掉恒温槽内的热水，关闭冷却水。拔去所有的电源插头。

2.4.2 注意事项

① 实验系统必须密闭，一定要仔细检漏。

② 必须让U形等位计中的试液缓缓沸腾3～4min后方可进行测定。

③ 升温时可预先漏入少许空气，以防止U形等位计中液体暴沸。

④ 液体的蒸气压与温度有关，所以测定过程中须严格控制温度。

⑤ 漏入空气必须缓慢，否则U形等位计中的液体将冲入试液球中。

⑥ 必须充分抽净U形等位计空间的全部空气。U形等位计必须放置于恒温水浴的液面以下，以保证试液温度的准确度。

2.4.3 使用与维护

① 数字压力计、恒温控制仪等精密仪表不宜放置在潮湿的地方，应置于阴凉通风处。

② 为了保证数字压力计、恒温控制仪等精密仪表工作正常，没有专门检测设备的单位和个人，请勿打开机盖进行检修，更不允许调整或更换元件，否则将无法保证仪表测量的准确度。

③ 实验之前要认真进行整个实验系统气密性的检查，并针对漏气情况给予处理，以保证实验顺利进行和实验结果的准确性。

④ 实验中调节阀门1、阀门2时，数字压力计显示的压力值有时有跳动现象属正常，待压力值稳定后再进行实验。

⑤ 阀门1和阀门2是否泄漏是关系实验成败的主要因素之一。在实验时，阀门1既是放气开关，也是压力微调开关，因此实验时一定要仔细、缓慢地调节。

2.5 玻璃恒温水浴（一体式）

一体式SYP-Ⅱ玻璃恒温水浴具有以下特点：

① 控温、搅拌一体，搬运方便，系统操作简单。

② 采用高温玻璃制成，耐温、保温性能好，便于观察，美观实用。

③ 控制、设定温度数据双显示，清晰直观。控温均匀，波动小；键入式温度设定可靠，安全方便。

④ 采用 PID 自整定技术，自动地按设置调整加热系统，恒温控制较为理想。

⑤ 备有定时提醒报警功能，便于定时观察、记录。

2.5.1 技术指标

(1) 技术条件

① 电源：AC220V±10%，50Hz；

② 温度：−5～50℃；

③ 湿度：≤85%；

④ 场合：无腐蚀性气体。

(2) 技术指标

① 测量范围：室温～99.9℃；

② 分辨率：0.1℃；

③ 定时时间：10～99s；

④ 功率：1kVA；

⑤ 外形尺寸：ϕ345×440mm；

⑥ 质量：约 8kg。

2.5.2 SYP-Ⅱ玻璃恒温水浴结构

SYP-Ⅱ玻璃恒温水浴主要由玻璃缸体和控温机箱组成，其结构见图 2-5-1。

2.5.3 使用方法

① 外观检查：检查整机与随机配件是否完全相符。

② 向玻璃缸体（1）内注入其容积 2/3～3/4 的自来水，水位高度大约 230mm，将温度传感器（4）插入玻璃缸塑料盖预置孔内（左边），另一端与机箱后面板温度传感器接口（19）相连接。

③ 用配备的电源线将 AC220V 与机箱后面板电源插座（17）相连接，然后打开机箱后面板上的电源开关（18），此时显示器和指示灯均有显示。初始状态如图 2-5-2，其中实时温度显示为水温，置数指示灯（10）亮。

④ 设置控制温度：按“工作/置数”转换键（6）至置数指示灯（10）亮。依次按“×10”、“×1”、“×0.1”、温度设置键（7），设置“设定温度”的十位、

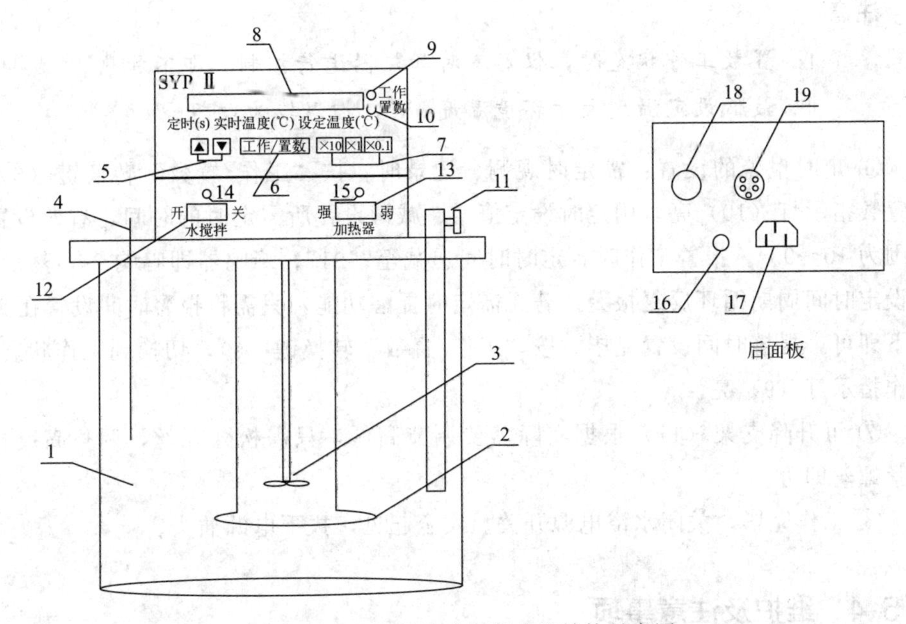

图 2-5-1　SYP-Ⅱ玻璃恒温水浴结构示意图

1—玻璃缸体；2—加热器；3—搅拌器；4—温度传感器；5—定时设定值增、减键；6—“工作/置数”转换键；7—温度设置键；8—显示窗口；9—工作指示灯；10—置数指示灯；11—可升降支架；12—水搅拌开关；13—加热器强弱开关；14—水搅拌指示灯；15—加热指示灯；16—保险丝座；17—电源插座；18—电源开关；19—温度传感器接口

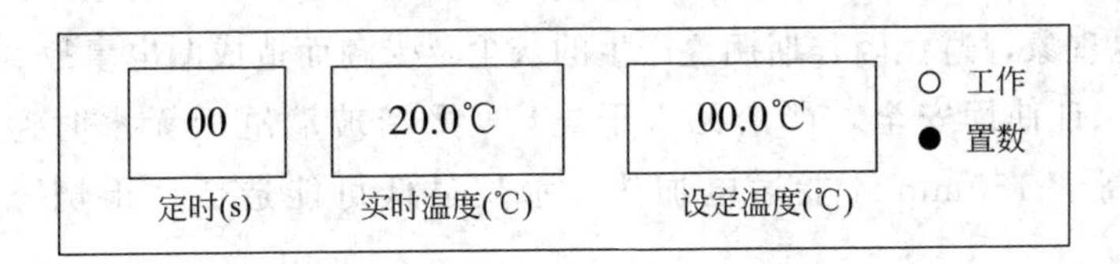

图 2-5-2　SYP-Ⅱ玻璃恒温水浴初始状态

个位及小数点后的数字，每按动一次，数码显示由0～9依次递增，直至调整到所需“设定温度”的数值。

⑤ 设置完毕，按“工作/置数”转换键（6），转换到工作状态，工作指示灯（9）亮。需要搅拌时“水搅拌”开关置于“开”位置。不搅拌时“水搅拌”开关置于“关”位置即可。升温过程中为使升温速度尽可能快，可将加热器功率置于“强”位置。当温度距设定温度2～3℃时，将加热器功率置于“弱”位置，以免过冲，达到较为理想的控温目的。此时，实时温度显示窗口显示值为水浴的实时温度值。当达到设置温度时，由PID调节自整定，将水浴温度自动准确地控制在设定的温度范围内。一般均可稳定、可靠地控制在设定温度的±0.02℃以内。

注意：

ⅰ. 置数工作状态时，仪器不对加热器进行控制，即不加热。

ⅱ. 最低设定温度大于环境温度5℃，控温较为理想。

⑥ 定时报警的设置：需定时观测、记录时，按“工作/置数”转换键（6），至置数指示灯（10）亮，用定时设定值增、减键设置所需定时的时间，有效设置范围为10～99s。报警工作时，定时时间递减至“01”，蜂鸣器即鸣响2s，然后，按设定时间周期循环反复报警。若无需定时提醒功能，只需将报警时间设置在9s以下即可。报警时间设置完毕，按“工作/置数”转换键（6），切换到工作状态，工作指示灯（9）亮。

⑦ 可升降支架（11）根据实际需要调节高低，只需松开螺丝，调整高度再拧紧螺丝即可。

⑧ 工作完毕，关闭水浴电源开关。安全起见，拔下电源插头。

2.5.4 维护及注意事项

① 玻璃缸体表面光滑，碰撞易碎，故水浴在搬运过程中必须轻拿轻放，以免因破裂而引起安全事故。

② 不宜放置在潮湿及有腐蚀性气体的场所，应放置在通风干燥的地方。

③ 长期搁置再启用时，应将灰尘打扫干净后，将水浴试通电，试运行。检查有无漏电现象，避免因长期搁置产生的灰尘及受潮而造成漏电事故。

④ 为保证使用安全，严禁无水干烧！（严禁玻璃缸内无水时通电加热）。水浴水位高于150mm才能通电加热，水位过低可能造成“干烧”而损坏加热器。

⑤ 为保证系统工作正常，没有专门检验设备的单位和个人，请勿打开机盖进行检修，更不允许调整或更换元件，否则将无法保证仪表测控温度的准确度。

⑥ 传感器和仪表必须配套使用，不可互换！互换虽也能工作，但测控温的准确度必将有所下降。

2.6 DP-SJ氨基甲酸铵分解测定装置

氨基甲酸铵分解实验装置由精密数字压力计、玻璃恒温水浴、不锈钢储气罐及玻璃仪器组成。具有显示清晰直观，实验数据稳定、可靠等特点。

2.6.1 设备介绍

DP-AF 精密数字压力计、缓冲储气罐、玻璃恒温水浴设备简介可参考实验 2.4 中 2.4.1.1～2.4.1.3 的内容。

2.6.2 仪器操作方法

① 上述各组成部分经检测后，按图 2-6-1 用橡胶管将各仪器连接成氨基甲酸铵分解实验装置。

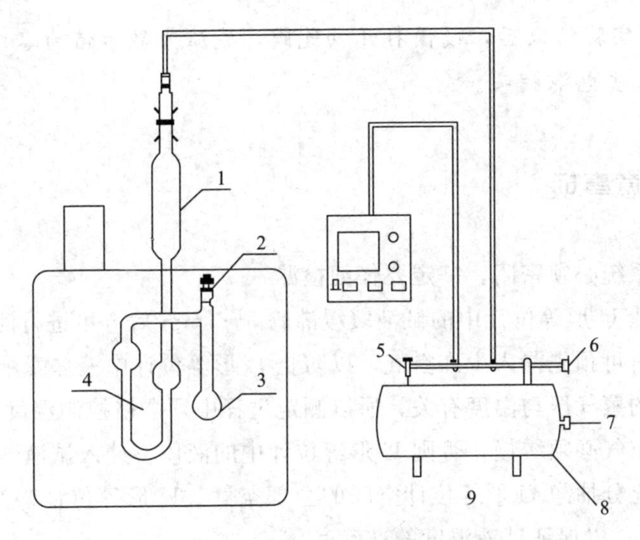

图 2-6-1 氨基甲酸铵分解系统装置示意图

1—冷凝管；2—塞子；3—样品球；4—等位计；5—阀门 2；6—阀门 1；7—抽气阀；8—真空泵；9—缓冲储气罐

② 装样品：确定系统不漏气后，使系统与大气相通，然后取下塞子装入氨基甲酸铵，再用吸管吸取纯净的硅油或邻苯二甲酸二壬酯放入已干燥好的等压计中，使之形成液封，再按图 2-6-1 安装好。

③ 测定：接通冷却水，设定玻璃恒温水浴温度为 25℃，打开搅拌器开关，将回差处于 0.2。当水浴温度达到 25℃时，将真空泵接到抽气阀上，关闭阀门 1，打开阀门 2（在整个实验过程中阀门 2 始终处于打开状态，无需再动）。开启真空泵，打开抽气阀使体系中的空气抽出（压力计上显示－90kPa 左右）。当 U 形等位计内的乙醇沸腾 3～5min 时，关闭抽气阀和真空泵，缓缓打开阀门 1，漏入空气，当 U 形等位计中两臂的液面平齐时关闭阀门 1。若等位计液柱再变化，再打

开阀门 1 使液面平齐，待液柱不再变化时，记下恒温槽温度和压力计上的压力值。若液柱始终变化，说明空气未抽干净，应重复上述步骤。

如法测定 30℃、35℃、40℃、45℃、50℃时的分解压。

注意：

ⅰ. 测定过程中如不慎使空气倒灌入试液球，则需重新抽真空后方能继续测定。如升温过程中，U 形等位计内液体发生暴沸，可缓缓打开平衡阀 1，漏入少量空气，防止管内液体大量挥发而影响实验进行。

ⅱ. 实验过程中不能让硅油进入样品球中而阻碍氨基甲酸铵的分解。

ⅲ. 实验结束后，慢慢打开抽气阀，使压力显示值为零。关闭冷却水。拔去电源插头。

2.6.3 注意事项

① 实验系统必须密闭，一定要仔细检漏。

② 必须让 U 形等位计中的试液缓缓沸腾 3～4min 后方可进行测定。

③ 升温时可预先漏入少许空气，以防止 U 形等位计中液体暴沸。

④ 液体的蒸气压与温度有关，所以测定过程中须严格控制温度。

⑤ 漏入空气必须缓慢，否则 U 形等位计中的液体将冲入试液球中。

⑥ 必须充分抽净 U 形等位计空间的全部空气。U 形等位计必须放置于恒温水浴液面以下，以保证试液温度的准确度。

⑦ 使用与维护，同 2.4.3。

2.7 ZCR-Ⅱ差热实验装置

2.7.1 差热分析装置简介

差热分析是通过温差测量来确定物质的物理化学性质的一种热分析方法，差热分析简称 DTA。

ZCR 差热实验装置是进行化学热力学实验的专用实验仪器。其主要特点为：

① 采用数字技术，控温稳定、可靠，显示清晰、直观。键入式温度设定和

键入式选择显示温度，操作灵活，简单方便。

② PID 自整定技术，自动地按设置的升温速率调整加热系统，达到良好的控温目的。

③ 内置模拟输出参比物（T_0）、DTA（ΔT）信号，可直接与记录仪连接，可方便地观测、分析波形，并绘制图形。

④ 丰富的软件及接口，软件界面直观，操作简便。与电脑连接可自动记录数据、绘制图形和进行图形处理。

⑤ 内设“采零”开关，随时清除差热分析仪元器件等因素产生的初始偏差，保证实验数据更准确、可靠。

⑥ 有定时提醒、报警功能，便于定时观测、记录。

2.7.2 结构及使用方法

ZCR 差热分析装置主要由差热分析炉（电炉）、差热分析仪、温度传感器、差热分析软件、电脑和打印机组成（图 2-7-1）。

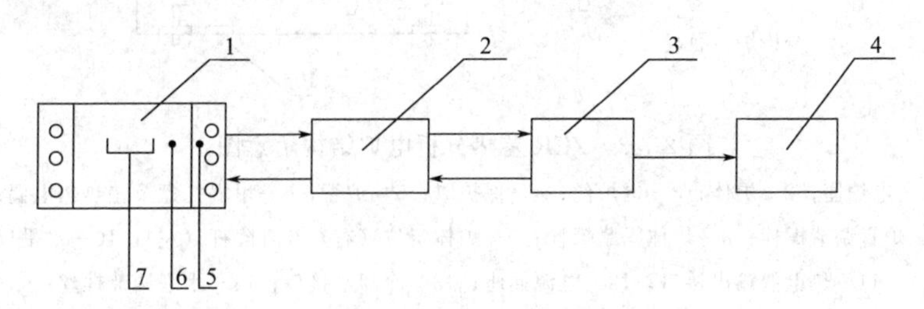

图 2-7-1 ZCR 差热分析装置结构方框图

1—差热分析炉；2—差热分析仪；3—电脑；4—打印机；5—温控（T_s）热电偶；6—参比物测温热电偶（T_0）；7—DTA 测温热电偶及托盘

(1) 差热分析电炉的结构

见图 2-7-2。

(2) 差热分析电炉的使用方法

① 外观检查：检查整机与配件数量是否相符，检查外观是否有涂层脱落、划伤损坏等现象。

② 电炉放置水平的调节：电炉放置在具有一定支撑力的平整的平台上，调节螺丝（14）直至水平仪（10）气泡在中心圆圈之内。

③ 炉管中心位置的调节：将炉体抬起，拧下炉体下口金属套，将炉管拧进炉体。取下保护罩（4），取去炉膛端盖（15），观察炉管（5），应在炉膛内，调节三只炉管调节螺栓（7），使炉管（5）处于炉膛中央后，拧紧三只炉管调节螺栓（7），使炉管稳固地置于炉膛中央，避免因样品杆、坩埚等因素引起基线偏移。

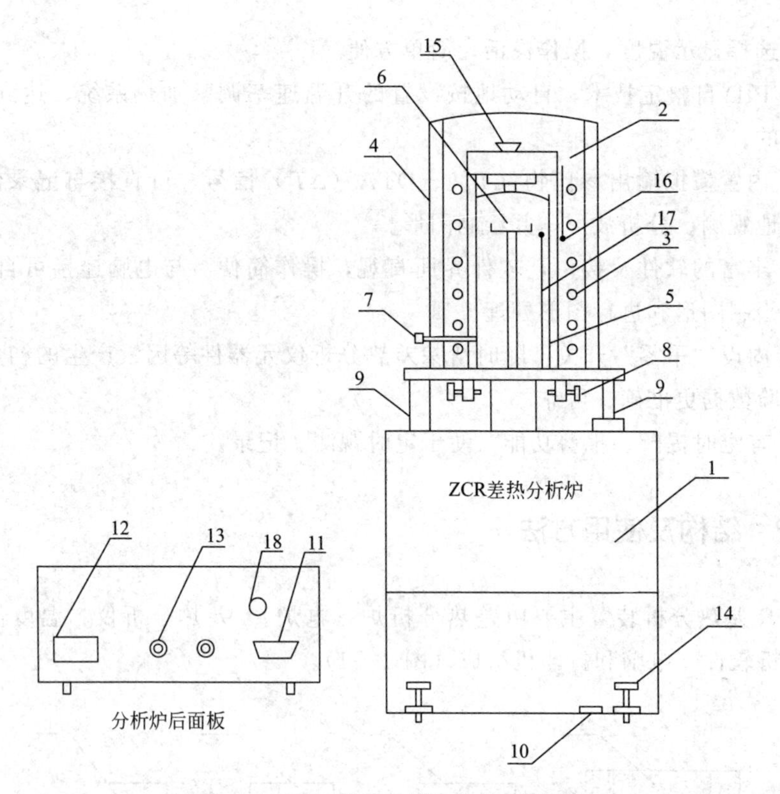

图 2-7-2　ZCR 差热分析电炉结构示意图

1—电炉座；2—炉体；3—电炉丝；4—保护罩；5—炉管；6—坩埚托盘及差热热电偶；7—炉管调节螺栓；8—炉体固紧螺栓；9—炉体定位（右）及升降杆（左）；10—水平仪；11—热电偶输出接口；12—电源插座；13—冷却水接口；14—水平调节螺丝；15—炉膛端盖；16—炉温热电偶；17—参比物测温热电偶；18—冷端传感器输出

注意：

若不用惰性气体时，可不安装炉管，调节螺丝，让托盘热电偶处于炉膛中心位置。

④ 试样和参比物坩埚的放置：逆时针旋松两只炉体固紧螺栓（8），双手小心轻轻向上托取炉体至最高点后（右定位杆脱离定位孔），将炉体逆时针方向推移到底（9），此时将符合试验要求的两坩埚分别放置在托盘（6）上，左边托盘放置试样坩埚，右边托盘放置参比物坩埚。然后反序操作放下炉体，并旋紧炉体固紧螺栓（8）。

⑤ 用配备的橡胶管将电炉冷却水接口（13）与自来水（冷却液）相连接，实验开始前，必须先通冷却水。

⑥ 差热分析炉与差热分析仪的连接：用配备的加热炉电源线将差热分析电炉与差热分析仪连接，一端插入电炉后面板（12）处，另一端插入差热分析仪后

面板分析炉电源处。用配备的数据线将差热分析电炉与差热分析仪连接，一端接电炉后面板（11）处，另一端插入差热分析仪后面板热电偶输入插孔处。配备的另一根数据线是差热分析仪与电脑的连接线，用时只需两端分别插入差热分析仪后面板 USB 口、电脑 USB 口即可。

注意：

炉体的升降虽有定位保护装置，但在放下炉体（2）时，务必将炉体（2）转回原处，将定位杆插入定位孔后，再缓慢向下放。因钢玉管既是坩埚托盘支撑杆又是差热分析炉两只热电偶的套管，既细又脆，制作难度大，故价格昂贵。所以托取或放下炉体时要特别小心，轻拿轻放，以免碰断。

(3) 差热分析仪结构原理

见图 2-7-3。

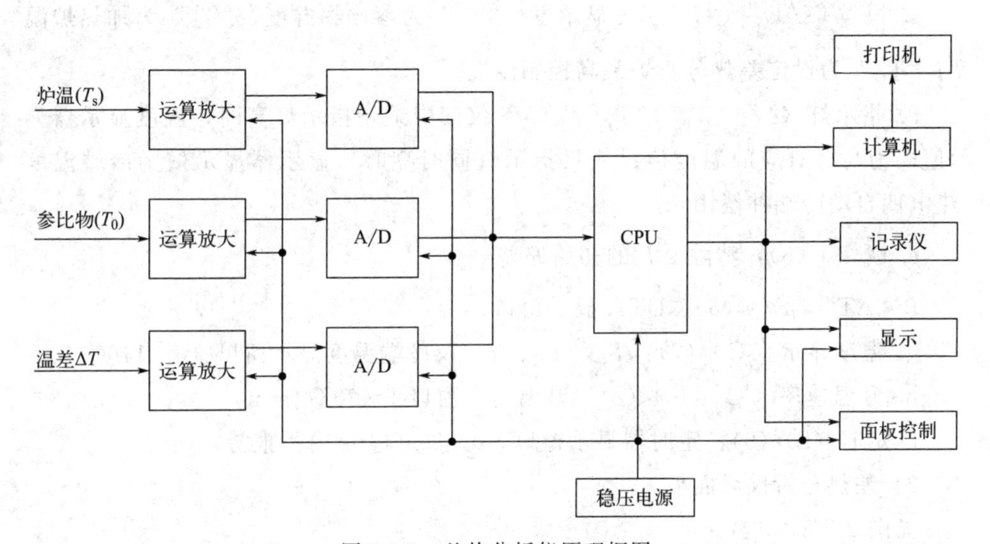

图 2-7-3　差热分析仪原理框图

(4) 差热分析仪的使用方法

1）差热分析仪前面板

见图 2-7-4。

a. 电源开关（1）：差热分析炉和差热分析仪总电源开关。

b. 参数设置（2）：

功能：选择参数设置项目（定时、升温速率、差热分析炉最高炉温）。只有在“T_G”指示灯亮时，按参数设置键才起作用。

⟳：移位键。选择参数设置项目位。

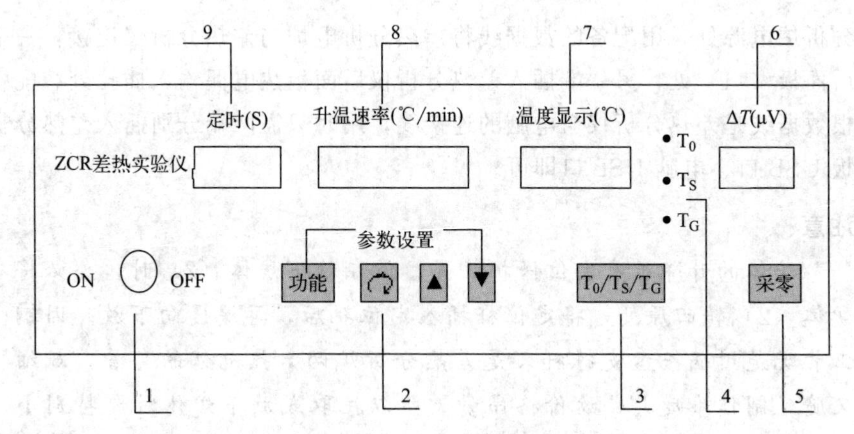

图 2-7-4　差热分析仪前面板示意图

▲、▼：加、减键。增加或减少设置数值。

c. $T_0/T_S/T_G$（3）：温度显示键。“T_0”为参比物温度；“T_S”为加热炉温度；“T_G”为设定差热分析炉最高控制温度。

d. 指示灯（4）：“T_0”“T_S”“T_G”仅其中某一指示灯亮时，温度显示器显示值即为与之对应的温度值；三只指示灯同时亮时，显示器显示值为冷端温度（热电偶自动冷端补偿用）。

e. 采零（5）：清除 ΔT 的初始偏差。

f. “ΔT”（μV）（6）：DTA 显示窗口。

g. 温度显示（℃）（7）：T_0、T_S、T_G 及冷端温度显示窗口（0～1100）℃。

h. 升温速率（℃/min）（8）：升温速率窗口 1～20℃/min。

i. 定时（S）（9）：定时器显示窗口，0～99s（10s 内不报警）。

2）差热分析仪后面板

见图 2-7-5。

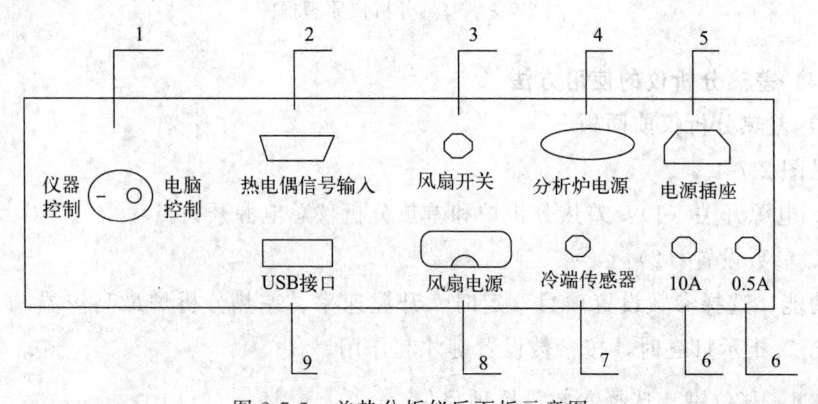

图 2-7-5　差热分析仪后面板示意图

a. 选择开关（1）：仪器控制开关与电脑控制开关。

b. 热电偶信号输入（2）：与分析炉热电偶输出相连接。

c. 风扇开关（3）：散热风扇控制开关。

d. 分析炉电源（4）：提供分析炉加热电源。

e. 电源插座（5）：提供差热分析仪和差热分析炉的总电源。

f. 保险丝（6）：0.5A 和 10A。

g. 冷端传感器（7）：与分析炉冷端传感器输出相连接。

h. 风扇电源（8）：提供风扇电源。

i. USB 接口（9）：与计算机连接，传输数据。

3）差热分析仪的操作步骤

① 外观检查：检查差热实验装置整机及配套备件是否完全相符，温度传感器与仪器编号是否相对应，并检查外观应完好无损。

② 通电检查：外观检查合格后，先将差热分析仪接通电源，此时各显示器均有显示（其中某一位字符闪烁，属正常），无缺字、缺笔画等现象。

③ 参数设置及操作步骤：现举例进行参数设置操作步骤的介绍。如用电脑控制无需在仪器面板上操作，详见软件操作说明书，并且将后面板上的选择开关按到电脑控制。如不用电脑控制，将后面板选择开关按到仪器控制，具体操作如下。

某差热分析实验需电炉控制温度为 1100℃，升温速率 12℃/min，报警记录时间 45s，应按下述步骤进行。

a. 接通电源后，“T_0”“T_S”“T_G”三指示灯中只有当“T_G”指示灯亮时，参数设置功能才起作用，否则需按 $T_0/T_S/T_G$ 键，直至“T_G”指示灯亮。

b. 按 功能 键，使定时显示器十位 LED 闪烁，用 ▲、▼ 键设定其值为 4，然后按 ↻ 移位键，定时显示器个位 LED 闪烁，用 ▲、▼ 键设定其值为 5，报警记录时间 45s 设定完毕。

c. 再按一下 功能 键，此时升温速率显示器十位 LED 闪烁，用 ▲、▼ 键设定其值为 1，然后按 ↻ 移位键，显示器个位 LED 闪烁，用 ▲、▼ 键设定其值为 2，此时显示器显示值为 12，即升温速率为 12℃/min。

d. 再按一下 功能 键，此时 T_G 显示器千位 LED 闪烁，用 ▲、▼ 键设定其值为 1，按 ↻ 移位键百位 LED 闪烁，用 ▲、▼ 键设定其值为 1，连续按两下 ↻ 键，此时显示器显示值为 1100，即最高炉温为 1100℃，若此时再按一下 功能 键，程序返回“b”步骤，即可循环选择参数进行设定。设置完毕，按

$T_0/T_S/T_G$ 键，三只指示灯同时亮，仪器进入升温阶段。

e. 升温过程中如需观察 T_S 或 T_0 温度，按 $T_0/T_S/T_G$ 键，使之相对应的指示灯亮。

④ 降温风扇（选配件）的使用：当炉体停止控温后，将炉体抬起，让炉体自然降温到约200℃时，将炉体上的防护罩上盖和炉膛端盖用钳子拿下，将降温风扇与差热仪相连接，打开风扇开关，此时风扇工作。将风扇置于炉体防护罩上端，让风扇从上向下吹风。注意，切不可让风由下往上吸，以免炉体高温气流损坏风扇。

2.7.3 技术指标

(1) 技术条件

① 电源：220V±10%，50Hz；

② 环境温度：−10～+50℃；

③ 相对湿度：≤85%。

(2) 技术指标

① DTA分辨率：1μV；

② 量程：2000μV；

③ 升温速率：1～20℃/min；

④ 报警时间：0～99s（10s之内不报警）；

⑤ 温度显示及分辨率：$4\frac{1}{2}$LED，0.1℃；

⑥ 电炉温度过冲温度：1100℃，≤20℃；

⑦ 功耗：1.5kVA；

⑧ 尺寸：电炉 $240\times350\times510\text{mm}^3$，分析仪 $350\times350\times135\text{mm}^3$；

⑨ 质量：电炉5kg，分析仪2kg；

⑩ 电炉控温范围：0～1100℃。

2.7.4 维护及注意事项

① 用软件绘图，ZCR差热实验仪后面板的模拟信号线内部未接；用记录仪绘图，ZCR差热实验仪后面板的模拟信号内部已接。

② 不宜放置在有水或潮湿的环境中，应置于阴凉通风、无腐蚀性气体的场所。

③ 不宜放置在高温环境中，避免靠近发热源，如电暖气或电炉等。

④ 为了保证仪表工作正常，没有专门检测设备的单位和个人，请勿打开机盖进行检修，切勿调整或更换元件，否则将无法保证仪表测量的准确度。

⑤ 传感器和仪表必须配套使用（传感器探头和仪器出厂编号应一致），以保证温度测量的准确度。否则，温度准确度会有所下降。

⑥ 传感器插入插座时，应对准槽口插入，将锁紧箍推上至锁紧；卸下时，将锁紧箍后拉，方可卸下。

⑦ 加热器电源线的连接，应在差热分析仪接通电源前，将差热分析仪和差热分析炉的电源线先连接好，接牢固。

⑧ 试样 $CuSO_4 \cdot 5H_2O$ 需研磨使其粒度与参比物 α-Al_2O_3 相仿（200 目），并使两者在坩埚内填装的紧密程度基本一样，同时 $CuSO_4 \cdot 5H_2O$ 试样的坩埚必须放在左托盘上，α-Al_2O_3 参比物坩埚必须放在右托盘上，否则实验将无法顺利进行。

⑨ 必须先通冷却水，再接通电源，以免加热电炉损坏。

⑩ 用镊子取放坩埚时要轻拿轻放，特别小心。不可把样品弄翻（样品撒入托盘内会造成仪器无法使用）；托、放炉体时不得挤压、碰撞放坩埚的托架（该托架实际是测温探头，价格昂贵，损坏无法修复）；炉管应调整在炉膛中心位置（炉管偏离炉膛中心可能影响炉子的加热效果）。

⑪ 实验完毕，坩埚不要遗弃，可反复使用。

2.8 SDC-Ⅱ数字电位差综合测试仪

2.8.1 仪器特点

① 一体化设计：将 UJ 系列电位差计、光电检流计、标准电池等集成一体，体积小，重量轻，便于携带。

② 数字显示：电位差值六位显示，数值直观清晰、准确可靠。

③ 内外基准：既可使用内部基准进行校准，又可外接标准电池作基准进行校准，使用方便灵活。

④ 准确度高：保留电位差计测量功能，真实体现电位差计对比检测误差微小的优势。

⑤ 性能可靠：电路采用对称漂移抵消原理，克服了元器件的温漂和时漂，提高了测量的准确度。

2.8.2 技术条件

见表 2-8-1。

表 2-8-1 SDC-Ⅱ数字电位差综合测试仪的技术条件

测量范围	0～±5V
测量分辨率	10μV(六位显示)
线性误差	内标:0.05%FS 外标以外电池精度为准
外形尺寸	380mm×170mm×225mm
质量	约 2kg
电源	220V±10%,50Hz
环境	温度:-5～40℃ 湿度:≤85%

2.8.3 使用方法

(1) 开机

用电源线将仪表后面板的电源插座与 220V 电源连接，打开电源开关(ON)，预热 15min 再进入下一步操作。

(2) 以内标为基准进行测量

1) 校验

① 将“测量选择”旋钮置于“内标”。

② 将测试线分别插入“测量插孔”内，将“10^0”位旋钮置于“1”，“补偿”旋钮逆时针旋到底，其他旋钮均置于“0”，此时，“电位指标”显示“1.00000”V，将两测试线短接。

③ 待“检零指示”显示数值稳定后，按一下 采零 键，此时，“检零指示”显示为“0000”。

2) 测量

① 将“测量选择”置于“测量”。

② 用测试线将被测电动势按“+”、“-”极性与“测量插孔”连接。

③ 调节“10^0”～“10^{-4}”五个旋钮，使“检零指示”显示数值为负且绝对值最小。

④ 调节“补偿”旋钮，使“检零指示”显示为“0000”，此时，“电位显示”

数值即为被测电动势的值。

注意：

ⅰ. 测量过程中，若“检零指示”显示溢出符号“OU. L”，说明“电位指示”显示的数值与被测电动势值相差过大。

ⅱ. 电阻箱 10^{-4} 挡值若稍有误差可调节“补偿”电位器达到对应值。

(3) 以外标为基准进行测量

1）校验

① 将“测量选择”旋钮置于“外标”。

② 将已知电动势的标准电池按“+”“−”极性与“外标插孔”连接。

③ 调节“10^0”～“10^{-4}”五个旋钮和“补偿”旋钮，使“电位指示”显示的数值与外标电池数值相同。

④ 待“检零指示”数值稳定后，按一下 采零 键，此时，“检零指示”显示为“0000”。

2）测量

① 拔出“外标插孔”的测试线，再用测试线将被测电动势按“+”“−”极性接入“测量插孔”。

② 将“测量选择”置于“测量”。

③ 调节“10^0”～“10^4”五个旋钮，使“检零指示”显示数值为负且绝对值最小。

④ 调节“补偿”旋钮，使“检零指示”为“0000”，此时，“电位显示”数值即为被测电动势的值。

注意：

ⅰ. 断挡适用于 SDC-ⅡB 型，SDC-Ⅱ无此功能。

ⅱ. 调节挡位时，指示灯常亮，表示挡位未调节到位，应调节至指示灯熄灭。

(4) 关机

实验结束后关闭电源。

注意：

在正常测试时，若外界有强电磁干扰，“检零显示”会显示“OUL”，此时仪器内部保护电路开启，一般情况下，稍等片刻即可自动恢复正常。若长时间不恢复或显示明显异常，说明此干扰程度过于强烈，此时应关闭电源重新开机。

2.8.4 维护注意事项

① 仪器应置于通风、干燥、无腐蚀性气体的场合。

② 仪器应不宜放置在高温环境，避免靠近发热源如电暖气或电炉等。

③ 为了保证仪表工作正常，没有专门检测设备的单位和个人，请勿打开机盖进行检修，更不允许调整或更换元件，否则将无法保证仪表测量的准确度。

2.9 SYC-15B 超级恒温水浴

一体式 SYC-15B 超级恒温水浴具有以下特点：

① 集控温、搅拌于一体，搬运方便，系统操作方便。

② 不锈钢材料制成，坚固、耐温、耐腐蚀性能好，美观实用。

③ 控制、设定温度数据双显示，清晰直观，控温均匀，波动小；键入式温度设定可靠，安全方便。

④ 采用先进的数字信号处理技术，利用微处理器对温度传感器的信号进行线性补偿，测量准确可靠。

⑤ 采用 PID 自整定技术，自动地按设置调整加热系统，恒温控制较为理想。

⑥ 具有定时提醒报警功能，便于定时观察、记录。

⑦ 丰富的软件及接口，方便与计算机连接，实现与电脑的数据通信。

2.9.1 技术指标

(1) 技术条件

① 电源：AC220V±10％，50Hz；

② 温度：－5～50℃；

③ 湿度：≤85％；

④ 场合：无腐蚀性气体。

(2) 技术指标

① 控温范围：室温～99.9℃；

② 分辨率：0.1℃；

③ 报警时间：10～99s；

④ 循环泵流量：4L/min；

⑤ 水浴容量：15L；

⑥ 功率：1kVA；

⑦ 外形尺寸：380mm×330mm×420mm；

⑧ 质量：约 8kg。

2.9.2 SYC-15B 超级恒温水浴结构

SYC-15B 超级恒温水浴主要由不锈钢缸体和控温机箱组成，其结构如图 2-9-1。

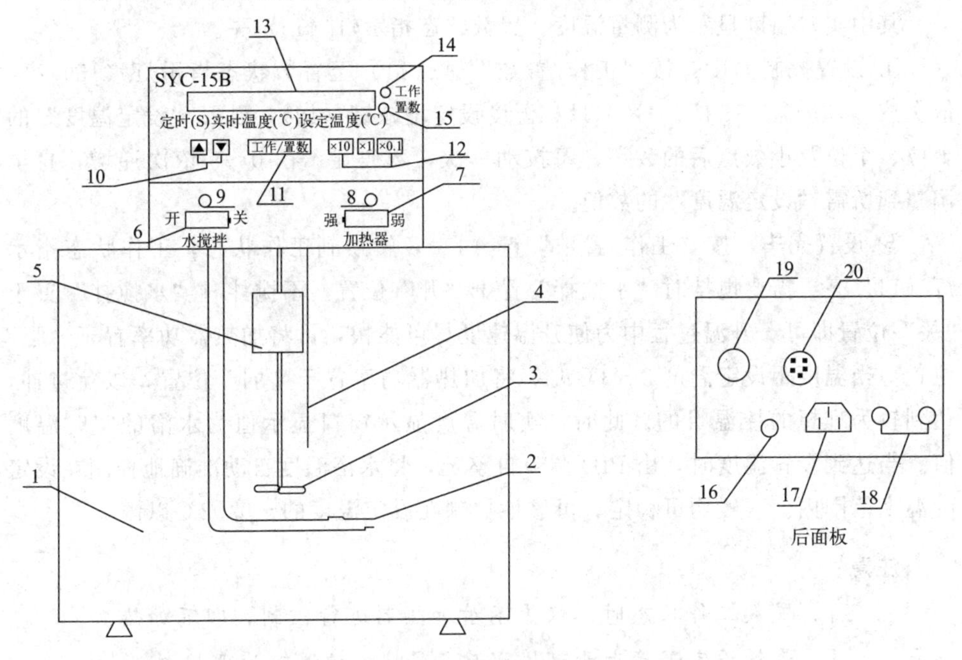

图 2-9-1 SYC-15B 超级恒温水浴结构示意图

1—不锈钢水浴箱；2—加热器；3—搅拌器；4—温度传感器；5—循环水泵；6—水搅拌开关；7—加热器强弱选择开关；8—加热指示灯；9—水搅拌指示灯；10—定时报警增减键；11—“工作/置数”键；12—温度设定增减键；13—显示窗口；14—工作状态指示灯；15—置数状态指示灯；16—保险丝座；17—电源插座；18—循环水进出嘴；19—电源开关；20—温度传感器接口

2.9.3 使用方法

① 外观检查：检查整机与随机配备件名称、数量是否完全相符。

② 向不锈钢水浴箱（1）内注入其容积 2/3～3/4 的自来水，水位高度大约 160mm（可根据实际需要而定）。将温度传感器（4）插入缸盖中间孔内，另一端与机箱后面板传感器插座（20）相连接。

③ 用配备的电源线将 220V 电源与机箱后面板电源插座（17）相连接。然后按下电源开关（19），此时显示器和指示灯均有显示。初始状态如图 2-9-2。

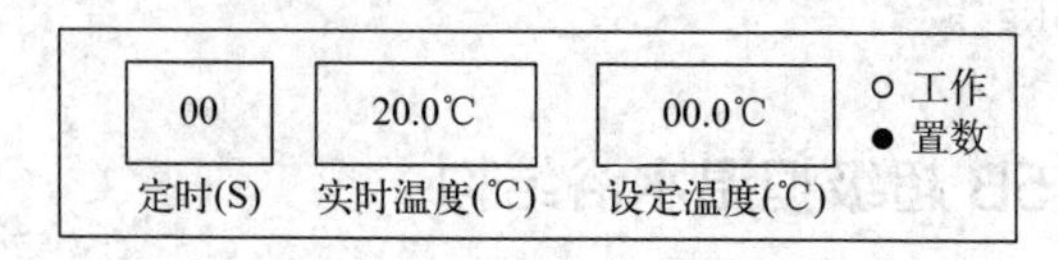

图 2-9-2 初始状态示意图

其中实时温度显示为测量温度，置数状态指示灯（15）亮。

④ 设置控制温度：按“工作/置数”键（11）至置数状态指示灯（15）亮。依次按“×10”、“×1”、“×0.1”、温度设定增减键（12），设置“设定温度”的十位、个位及小数点后的数字，每按动一次，数码显示由 0～9 依次递增，直至调整到所需“设定温度”的数值。

⑤ 设置完毕，按“工作/置数”键（11），转换到工作状态，工作状态指示灯（14）亮。需要搅拌时“水搅拌”置于“开”位置。不搅拌时“水搅拌”置于“关”位置即可。升温过程中为使升温速度尽可能快，可将加热器功率置于“强”位置。当温度距设定温度 2～3℃时，将加热器功率置于“弱”位置，以免过冲，达到较为理想的控温目的。此时，实时温度显示窗口显示值为水浴的实时温度值。当达到设置温度时，由 PID 调节自整定，将水浴温度自动准确地控制在设定的温度范围内。一般均可稳定、可靠地控制在设定温度的±0.02℃以内。

注意：

ⅰ. 置数工作状态时，仪器不对加热器进行控制，即不加热。

ⅱ. 最低设定温度大于环境温度 5℃时，控温较为理想。

⑥ 定时报警的设置：需定时观测、记录时，按“工作/置数”键（11），至置数状态指示灯（15）亮，用定时报警增减键（10）设置所需定时时间。有效设置范围为 10～90s。报警工作时，定时自动递减，时间至“01”，蜂鸣器即鸣响 2s，而后，按设定时间周期循环、反复报警。无需定时提醒功能时，只需将报警时间设置在 9s 以内即可。报警时间设置完毕，按“工作/置数”键（11），切换到工作状态，工作状态指示灯（14）亮。

⑦ 循环水泵的使用：内循环时，只需用一根橡胶管将两接嘴短接即可。外循环需用两根橡胶管，具体连接方式可根据实际情况而定。

⑧ 工作完毕，关闭仪器电源开关。安全起见，拔下后面板插座电源线更好。

2.9.4 维护及注意事项

① 不宜放置在潮湿及有腐蚀性气体的场所，应放置在通风干燥的地方。

② 长期搁置再启用时，应将灰尘打扫干净后，将水浴试通电，试运行。检查有无漏电现象，避免因长期搁置产生的灰尘及受潮而造成漏电事故。

③ 为保证使用安全，严禁无水干烧！（严禁无水通电加热）。水浴水位高于150mm才能通电加热，水位过低可能造成“干烧”而损坏加热器。

④ 为保证系统工作正常，没有专门检验设备的单位和个人，请勿打开机盖进行检修，更不允许调整或更换元件，否则将无法保证仪表测控温的准确度。

⑤ 传感器和仪表必须配套使用，不可互换！互换虽也能工作，但测控温的准确度将有所下降。

2.10 pH-3E酸度计

pH-3E型精密酸度计是一种智能型实验常规分析测量仪器，它适用于医药、环保、高校和科研单位的化验室测量水溶液中pH值和溶液温度值。

2.10.1 技术指标

① 测量范围。pH 0.00～14.00；－1999～1999mV；5.0～65.0℃。

② 分辨率：1mV；0.1℃。

③ 电子单元基本误差：±0.05pH；±1mV；±0.1℃。

④ 标定方式：一点或两点标定。

⑤ 校准仪器的标准缓冲溶液（25.0℃）：

0.05mol/L	草酸氢钾	pH1.679
0.05mol/L	磷苯二甲酸氢钾	pH4.005
0.025mol/L	混合磷酸盐	pH6.865
0.01mol/L	硼砂	pH9.180
0.01mol/L	饱和氢氧化钙	pH12.454

2.10.2 仪器特点及功能

(1) 仪器特点

① 仪器采用微处理器技术，使仪器具有自动温度补偿功能，同时也可以进行手动温度补偿。仪器具有断电保护功能，在使用完毕后关机或非正常断电情况下，仪器内部存储的设置参数不会丢失。

② 在5.0～65℃温度范围内，可选择5种pH缓冲溶液对仪器进行两点标定。

(2) 仪器功能

仪器有两种工作状态：自动标定和手动标定。每种工作状态可同时测量温度值（外接温度传感器）、pH值、溶液电压值。

① 仪器前面板示意图见图2-10-1。

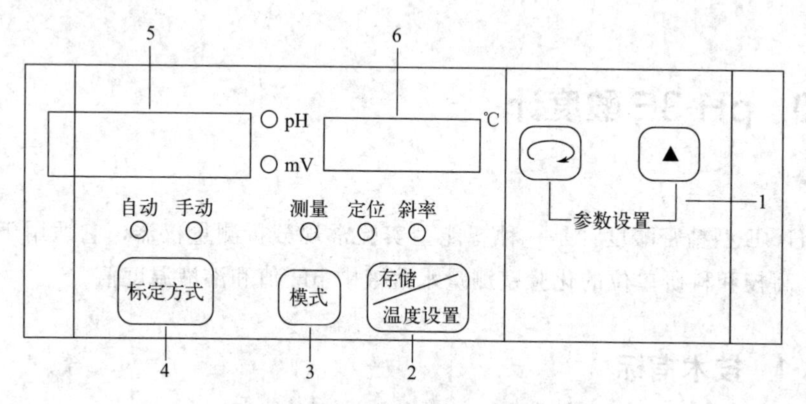

图2-10-1 仪器前面板示意图

a. 参数设置（1）：用于pH值的参数调节，⟳进行逐位预置，预置位以闪烁形式提示预置。▲用于预置位增加、减少操作。

b. 存储/温度设置（2）：在参数设置完毕状态下，按此键可确认上一步操作所选择的数值并进入下一状态。

c. 模式（3）：选择mV测量、pH测量、定位和斜率校准功能转换，每按一次在上述程序状态中转换。（按一次为“定位校准模式”、按两次为“斜率校准模式”、按三次回到“pH”测量模式”。）

d. 标定方式（4）：有两种标定方式，即自动标定和手动标定。

e. pH值和电压显示窗口（5）。

f. 温度显示窗口（6）。

② 后面板示意图见图 2-10-2。

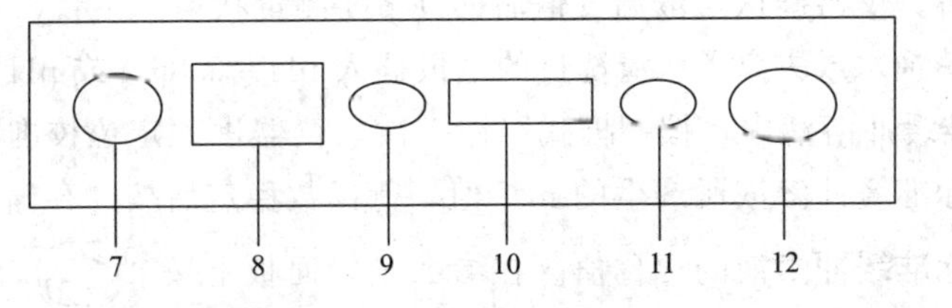

图 2-10-2　仪器后面板示意图

7—电源开关；8—电源插座；9—电源保险丝座；10—RS232 串行口；11—电极插座；12—传感器插座

2.10.3　标定

(1) 自动标定（适用于 pH 为 4.00、6.86、9.18 的标准缓冲溶液）

仪器使用前首先要标定。一般情况下仪器在连续使用时，每天要标定一次。

a. 将复合电极接入电极接口处；将温度传感器接入温度接口处。

b. 开启电源开关，仪器进入 pH 测量状态。

c. 将温度电极放入溶液中，该温度显示数值为自动测量的温度值，即温度传感器反映的温度值为溶液温度。

d. 把用蒸馏水或去离子水清洗过的电极插入 pH＝6.86 的标准缓冲溶液中，按“模式”键一次显示“定位”，表明仪器在定位校准模式，仪器显示该温度下标准缓冲溶液所产生的 mV 值，待读数稳定后按“存储”键，仪器显示该温度下标准缓冲溶液的标称值。

e. 按模式键进入斜率标定状态。把用蒸馏水或去离子水清洗过的电极插入 pH＝4.00（或 pH＝9.18、pH＝6.86，但不能采用和定位时相同 pH 的标准缓冲溶液）的标准缓冲溶液中（此时表明仪器在斜率校准模式下，显示该温度下标准缓冲溶液所产生的 mV 值），待读数稳定后按“存储”键，仪器显示该温度下标准缓冲溶液的标称值。

f. 按“模式”键切换到测量状态，用蒸馏水及被测溶液清洗电极后即可对被测溶液进行测量。

(2) 手动标定（适用于 pH 为 0.00～14.00 范围内任何标准缓冲溶液）

在必要时或在特殊情况下仪器可进行手动标定。

a. 将复合电极接入电极接口处；温度传感器可接入也可不接入。

b. 开启电源开关，按“标定方式”键进入手动标定状态，仪器进入 pH 测量状态。在 pH 测量模式下（只有在 pH 测量模式下），按下 存储/温度设置 键，再在参数设置面板上按“⟲”移位键进行位数移动，按“▲”键手动调节温度数值上升、下降，使温度显示值和溶液温度一致，然后按“存储”键，确认所选择的温度数值。仪器确认溶液温度值后回到 pH 测量状态。

c. 把用蒸馏水或去离子水清洗过的电极插入 pH=6.86（或 pH=4.00、pH=9.18）的标准缓冲溶液中，按“模式”键一次，仪器进入定位校准模式，仪器显示该温度下标准缓冲溶液所产生的 mV 值，待读数稳定后按“存储”键，仪器显示该温度下标准缓冲溶液的标称值。在参数设置面板上按“⟲”移位键进行位数移动，按“▲”键调节 pH 定位显示数值上升或下降，使之达到要求的标称定位数值，再按“存储”键。仪器按照要求的数值完成手动定位标定。再按“模式”键进入斜率校准模式。

d. 把用蒸馏水或去离子水清洗过的电极插入 pH=4.00（或 pH=9.18、pH=6.86，但不能采用和定位时相同 pH 的标准缓冲溶液）的标准缓冲溶液中，仪器显示该温度下标准缓冲溶液所产生的 mV 值，待读数稳定后按“存储”键，仪器显示该温度下标准缓冲溶液的标称值。在参数设置面板上按“⟲”移位键进行位数移动，按“▲”键调节 pH 值上升或下降，使之达到要求的标称数值，然后再按“存储”键，仪器按照要求的数值完成手动斜率标定，再次按下“模式”键仪器回到 pH 测量状态。用蒸馏水及被测溶液清洗电极后即可对被测溶液进行测量。如果在标定过程中操作失误或按键按错而使仪器测量不正常，可关闭电源，然后再开启电源，重新进行标定。

注意：

ⅰ. 标定后，就不要再按“模式”键进入“定位”“斜率”校准模式，如果误触动此键，则不要按“存储”键，而是连续按“模式”键，使仪器重新进入 pH 测量模式即可，而无须再进行标定。

ⅱ. 标定的缓冲溶液一般第一次用 pH=6.86 的溶液，第二次用接近被测溶液 pH 值的缓冲液，如被测溶液为酸性，则缓冲溶液应选 pH=4.00；如被测溶液为碱性，则选 pH=9.18 的缓冲溶液。

一般情况下，在 2h 内仪器不需再标定。

(3) 测量 pH 值

经标定过的仪器（仪器在 pH 测量状态），即可用来测量被测溶液，若仪器在非 pH 模式，此时多次按“模式”键，直至进入 pH 测量模式。将温度传感器、pH 测量电极浸入被测溶液中，在显示屏上读出溶液在该温度下的 pH 值。

2.10.4 仪器维护

仪器正确使用与维护，可保证仪器正常、可靠地使用，特别是 pH 计这一类仪器，具有很高的输入阻抗，而使用环境需经常接触化学药品，所以更需合理维护。

① 仪器的输入端（测量电极插座）必须保持干燥清洁。

② 测量时，电极的引入导线应保持静止，否则会引起测量不稳定。

③ 仪器所使用的电源线应有良好的接地。

④ 仪器采用 MOS 集成电路，因此在检修时应保证电烙铁有良好的接地。

⑤ 用缓冲溶液标定仪器时，要保证缓冲溶液的可靠性，不能配错缓冲溶液，否则将导致测量结果产生误差。

⑥ 缓冲溶液的配制方法

a. pH=4.00 溶液：将 GR 邻苯二甲酸氢钾 10.12g，溶解于 1000mL 高纯去离子水中。

b. pH=6.86 溶液：将 GR 磷酸二氢钾 3.387g、GR 磷酸氢二钠 3.533g，溶解于 1000mL 高纯去离子水中。

c. pH=9.18 溶液：将 GR 硼砂 3.80g 溶解于 1000mL 高纯去离子水中。

注意：

配制 pH=6.86 和 pH=9.18 的溶液所用水应预先煮沸 15～30min，除去溶解的二氧化碳。在冷却过程中应避免与空气接触，以防止二氧化碳的污染。

2.10.5 注意事项

① 开机前，须检查电源是否接好，应保证仪器良好接地。电极的连接须可靠，防止腐蚀性气体侵入。

② 接通电源后，若显示屏不亮，应检查仪器是否有电压输出。

③ 若仪器显示的 pH 值不正常，应检查复合电极插口是否接触良好，电极内溶液是否充满；若仍不能正常工作，则可更换电极。

④ 若上述各种情况排除后，仪器仍不能正常工作，则与有关部门联系。

2.11 DP-AW 表面张力实验装置

溶液表面可发生吸附作用，当溶液中溶有其他物质时，其表面张力会发生变化。本装置采用最大气泡法测定表面张力（即溶液的界面张力）。

2.11.1 设备及配置

(1) 成套设备

见表 2-11-1。

表 2-11-1 成套设备配置

名称	数量
DP-AW 精密数字(微差)压力计	1 台
玻璃仪器	1 套
乳胶管	0.8m

(2) 自备设备

见表 2-11-2。

表 2-11-2 自备设备配置

名称	数量
恒温水浴	1 台
100mL 烧杯	1 只
铁架台	1 个
自由夹	2 只
滴管	1 只

2.11.2 DP-AW 精密数字压力计的使用及装置连接

(1) 前面板

示意图见图 2-11-1。

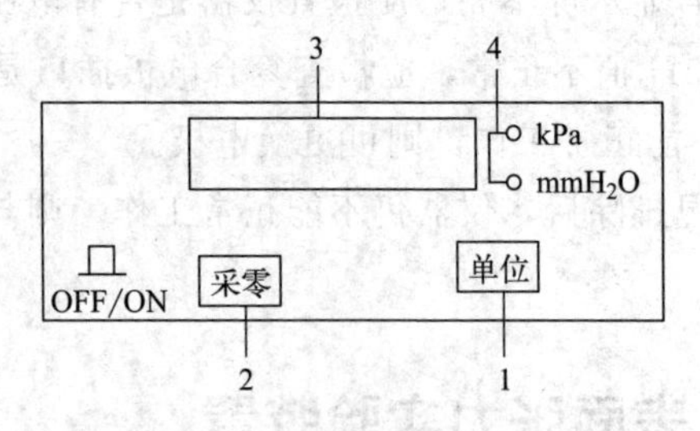

图 2-11-1 前面板示意图

① 单位键（1）：选择所需要的计量单位；

② 采零键（2）：扣除仪表的零压力值（即零点漂移）；

③ 数据显示屏（3）：显示被测压力数据；

④ 指示灯（4）：显示不同计量单位的信号灯。

“单位”键：接通电源，初始状态 kPa 指示灯亮，LED 显示以法定计量单位 kPa 为压力值的计量单位；按一下 单位 键，mmH_2O 指示灯亮，LED 显示以 mmH_2O 为计量单位的压力值。

（2）后面板

示意图见图 2-11-2。

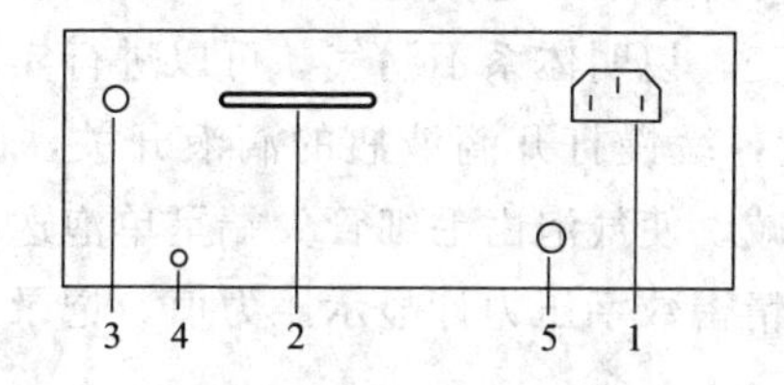

图 2-11-2　后面板示意图

① 电源插座（1）：与 220V 相接；

② 电脑串行口（2）：与电脑主机后面板的 RS232C 串行口连接（可选配）；

③ 压力接口（3）：压力的接口；

④ 压力调整（4）：仪器校正调节；

⑤ 保险丝（5）：0.2A。

实验装置连接示意图见图 2-11-3。

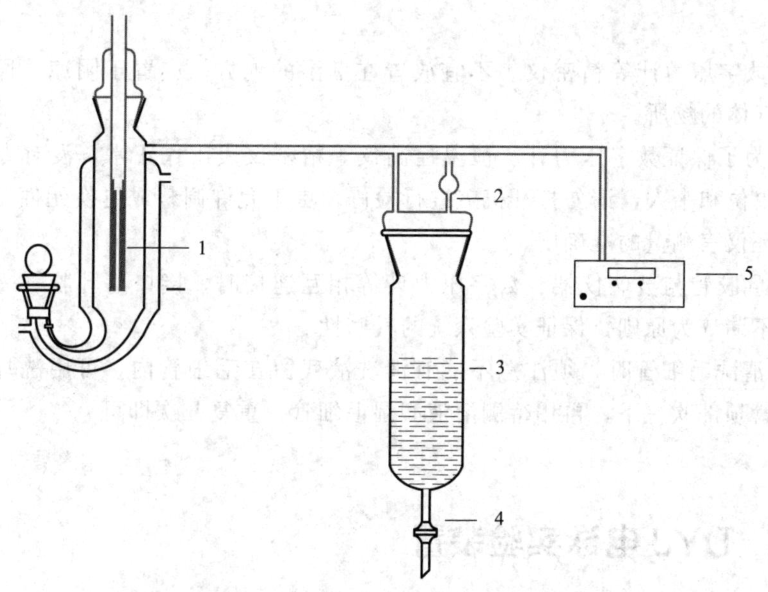

图 2-11-3　实验装置连接示意图

1—毛细管、样品管；2—泄压开关；3—滴液瓶；4—滴液开关；5—微差计

最大气泡法测定表面张力的实验步骤：

① 仪器准备：将表面张力仪器和毛细管洗净、烘干后按图 2-11-3 连接好。可选用超级水浴对样品管进行恒温处理。

② 仪器检漏：在滴液瓶中盛入水，将毛细管插入样品管中，打开泄压开关，从侧管加入样品，使毛细管管口刚好与液面相切，接入恒温水恒温 5min，系统采零之后关闭泄压开关。此时，将滴液瓶的滴液开关缓慢打开放水，使体系内的压力降低，精密数字压力计显示一定数值时，关闭滴液瓶的开关。若 2～3min 内精密数字压力计数值不变，说明体系不漏气，可以进行实验。

③ 仪器常数的测量：缓慢打开滴液瓶的滴液开关，调节滴液开关使精密数字压力计显示值逐渐递减，使气泡由毛细管尖端呈单泡逸出，当气泡刚脱离毛细管管端破裂的一瞬间，精密数字压力计显示压力值，记录此压力值，连续读取三次，取其平均值。

注意：

压力值为负值，是因为把当前大气压作为零。

④ 表面张力随溶液浓度变化的测定：按上述方法改变溶液的浓度分别测定各自的压力值。

⑤ 实验完毕，使系统与大气相通，关闭电源，洗净玻璃仪器。

2.11.3 维护注意事项

① 数字压力计等精密仪表不宜放置在潮湿的地方，应置于阴凉、通风、无腐蚀性气体的场所。

② 为了保证数字压力计、恒温控制仪等精密仪表工作正常，没有专门检测设备的单位和个人，请勿打开机盖进行检修，更不允许调整或更换元件，否则将无法保证仪表测量的准确度。

③ 乳胶管与玻璃仪器、数字压力计等相互连接时，接口与乳胶管一定要插牢，以不漏气为原则，保证实验系统的气密性。

④ 清洗毛细管时，须注意不能有清洗液残留在毛细管内，可用洗耳球直接从毛细管顶部吹一下，再用待测溶液润湿毛细管，重复几次即可。

2.12 DYJ 电泳实验装置

DYJ 系列电泳实验装置是采用界面移动法来测定溶胶粒子在电场的作用下发

生定向运动，通过测定胶粒的电泳速度计算出 ζ 电位。具有使用简便，显示清晰直观，实验数据稳定、可靠等特点。

2.12.1 产品配置

见表 2-12-1。

表 2-12-1 DYJ 电泳实验装置的配置

DYJ-1 型	WYJ-G_B(稳压源)	U 形电泳仪 铂电极
DYJ-2 型	WYJ-G_A(稳压源)	
DYJ-3 型	WYJ-G(稳压源)	

2.12.2 输出电源技术条件

(1) 技术指标

见表 2-12-2。

表 2-12-2 技术指标

型号	WYJ-G_B	WYJ-G_A	WYJ-G
输出电压/V 输出电流/mA	0～180 0～100	0～300 0～100	0～600 0～100
分辨率	0.1V;0.1mA		

(2) 使用条件

电源：220V±10%，50Hz；

环境：温度－5～50℃，湿度≤85%；

场合：无腐蚀性气体。

2.12.3 使用说明

(1) 前面板

示意图见图 2-12-1。

① 输出电压：显示输出的实际电压。

② 输出电流：显示输出的实际电流。

③ 计时显示窗口：显示计时时间。

④ 电压粗调：粗略调节所需电压（▲为升压按键，▼为降压按键），内置电压调节共 9 挡，按键 1 次对应 1 挡电压调节。

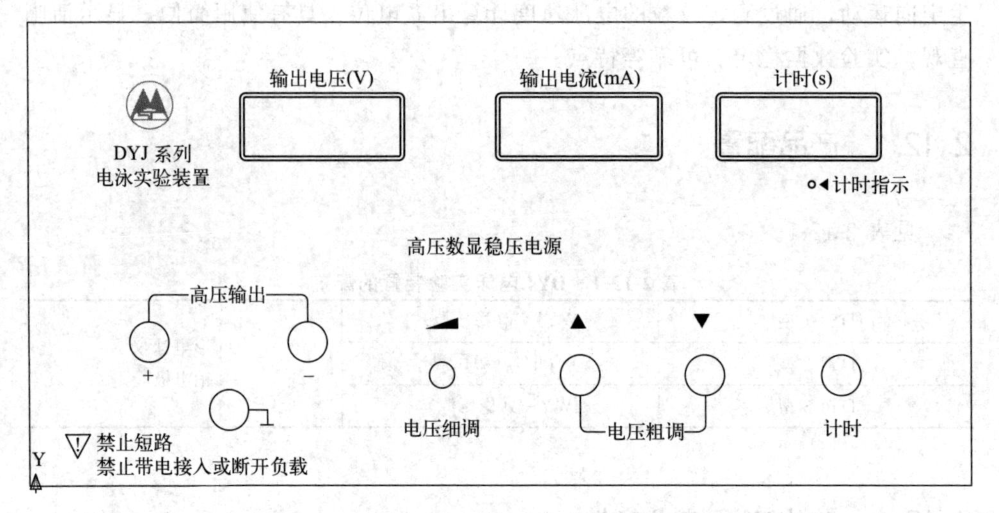

图 2-12-1 前面板示意图

⑤ 电压细调：精确调节所需电压。

⑥ 正极接线柱：负载的正极接入处。

⑦ 负极接线柱：负载的负极接入处。

⑧ 接地接线柱。

(2) 实验装置连接图

见图 2-12-2。

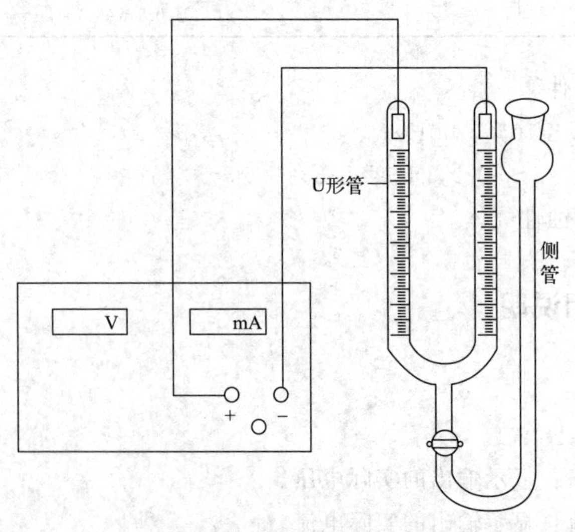

图 2-12-2 装置连接示意图

(3) 操作步骤

① $Fe(OH)_3$ 溶胶的制备：将 0.5g 无水 $FeCl_3$ 溶于 20mL 蒸馏水中，在搅拌

的条件下将上述溶液滴入200mL沸水中（控制在4～5min内滴完），然后再煮沸1～2min，即制得$Fe(OH)_3$溶胶。

② 珂罗酊袋的制备：将约20mL火棉胶液倒入干净的250mL锥形瓶内，小心转动锥形瓶使瓶内壁均匀展开一层液膜，倾出多余的火棉胶液，将锥形瓶倒置，待溶剂挥发完（此时胶膜已不沾手），将蒸馏水注入胶膜与瓶壁之间，使胶膜与瓶壁分离，将其从瓶中取出，然后注入蒸馏水检查胶袋是否有漏洞，如无，则浸入蒸馏水待用。

③ 溶胶的纯化：将冷至约50℃的$Fe(OH)_3$溶胶转移到珂罗酊袋中，用约50℃的蒸馏水渗析，约10min换水1次，渗析10次。

④ 将渗析好的$Fe(OH)_3$溶胶冷却至室温，测其导电率，用0.1mol/L KCl溶液和蒸馏水配制与溶胶电导率相同的辅助液。

⑤ 用蒸馏水把电泳仪洗干净，然后取出活塞，烘干。在活塞上涂一层薄薄的凡士林，凡士林最好离孔远一些，以免污染溶液。

⑥ 关紧U形电泳仪下端的活塞，用滴管顺着侧管管壁加入$Fe(OH)_3$溶胶（注意：若发现有气泡逸出，可慢慢旋开活塞放出气泡，但切勿使溶胶流过活塞，气泡放出后立即关闭活塞）。再从U形管的上口加入适量的辅助液。

⑦ 缓慢打开活塞（动作过大会搅混液面，导致实验重做），使溶胶慢慢上升至适当高度，关闭活塞并记录液面的高度。轻轻将两铂电极插入U形管的辅助液中。

⑧ 将高压数显稳压电源的电压细调旋钮逆时针旋到底。

⑨ 按“+”“−”极性将输出线与负载相接，输出线枪式迭插座插入铂电极枪式迭插座尾。

⑩ 将电源线连接到后面板电源插座。

⑪ 按图2-12-2连接好线路，开启电源，按“▲”键进行升压，待接近所需电压（50V）时，再顺时针调节电压细调旋钮，直至满足要求。同时开始计时，一段时间后，按“▼”键进行降压，直至数值显示为最小，再将电压细调旋钮逆时针旋到底，然后关闭电源，记录溶胶界面移动的距离，并测出两电极间的距离（注意：不是水平距离，而是U形管的距离，此数值重复测量5～6次，计下其平均值）。

2.12.4 注意事项

① 高压危险，在使用过程中，必须接好负载后再打开电源。

② 在粗调电压时，一定要等电压、电流稳定后再调节下一挡。

③ 输出线插入接线柱应牢固、可靠，不得有松动，以免高压打火。

④ 在调节过程中，若电压、电流不变化，是由于保护电路工作，造成了死机，此时应关闭电源再重新按操作步骤进行。此情况一般不会出现。

⑤ 不得将两输出线短接。

⑥ 若负载需接地，可将负载接地线与仪器面板黑接线柱（⊥）相连。

2.13 WZZ-2S 自动旋光仪

旋光仪是测定物质旋光度的仪器。通过旋光度的测定，可以分析确定物质的含量及纯度等，广泛应用于制糖、制药、石油、食品、化工等工业部门及高等院校和科研单位。

WZZ-2S 自动旋光仪（下面简称仪器）采用发光二极管作光源，避免了频繁更换钠光灯的麻烦。

2.13.1 基本应用原理

众所周知，可见光是一种波长为 380～780nm 的电磁波，由于发光体发光的统计性质，电磁波的电矢量振动方向可以取垂直于光传播方向的任意方位，通常叫作自然光。利用某些器件（例如偏振器）可以使振动方向固定在垂直于光传播方向的某一方位上，形成所谓平面偏振光。平面偏振光通过某种物质时，偏振光的振动方向会转过一个角度，这种物质叫作旋光物质，偏振光所转过的角度叫作旋光度。如果平面偏振光通过某种纯的旋光物质，则旋光度的大小与下述三个因素有关：

a. 平面偏振光的波长 λ，波长不同则旋光度也不同。

b. 旋光物质的温度 t，温度不同旋光度也不同。

c. 旋光物质的种类，不同的旋光物质有不同的旋光度。

用一个叫作比旋光度 $[\alpha]_\lambda^t$ 的量来表示某种物质的旋光能力。

$[\alpha]_\lambda^t$ 表示单位长度的某种旋光物质，温度为 t℃时，对波长为 λ 的平面偏振光的旋光度。

通常规定测试溶液（旋光试管）长度为 1dm（100mm），待测物质溶液的浓度为 1g/mL，温度为 t℃，平面偏振光波长为 λ，在此条件下测得的旋光度叫作该物质的比旋光度，用 $[\alpha]_\lambda^t$ 表示。比旋光度仅决定于物质的结构，因此，比旋光度是物质特有的物理常数。

旋光度与平面偏振光所经过的旋光物质的长度 L 有关，因此在温度为 t℃

时，长度为 L、具有比旋光度为 $[\alpha]_\lambda^t$ 的旋光物质对波长为 λ 的平面偏振光的旋光度 α_λ^t 由下式表示：

$$\alpha_\lambda^t=[\alpha]_\lambda^t L \tag{2-13-1}$$

如果旋光物质溶于某种没有旋光性的溶剂中，浓度为 c，则下式成立：

$$\alpha_\lambda^t=[\alpha]_\lambda^t Lc \tag{2-13-2}$$

若波长一定，在某标准温度下（例如 20℃），事先已知测试物质的比旋光度 $[\alpha]_\lambda^t$，测试溶液的长度一定，此时若用旋光仪测得旋光度 α_λ^t，则可由式(2-13-2) 计算出溶液中旋光物质的浓度 c：

$$c=\alpha_\lambda^t/([\alpha]_\lambda^t L) \tag{2-13-3}$$

倘若溶质中除含有旋光物质外还含有非旋光物质，则可由配制溶液时的浓度和由式(2-13-3) 求得旋光物质的浓度 c，算得旋光物质的含量或纯度。

大多数工业部门对于所需测试的旋光物质，只给出在某一标准温度（例如 20℃）时的比旋光度值 $[\alpha]_\lambda^{20℃}$ 及其容限，但在测试时，由于条件所限，测试温度可能不是 20℃而是 t(℃)，此时不能直接应用式(2-13-3)，通常在一定温度范围内，旋光度随测试温度变化而变化，并且具有良好的线性关系。即在 t 时旋光度 α_λ^t 与 20℃比旋光度 $[\alpha]_\lambda^{20℃}$ 和旋光温度系数 K 有如下关系：

$$\alpha_\lambda^t=[\alpha]_\lambda^{20℃} Lc[1+K(t-20)] \tag{2-13-4}$$

如果要获得准确的结果，又没有条件严格控制测试温度，进行此项温度校正是绝对必要的。若温度系数 K 未知，可以在两个不同的温度 t_1 和 t_2 对同一样品进行测试，获得旋光度值 $\alpha_\lambda^{t_1}$ 和 $\alpha_\lambda^{t_2}$，由式(2-13-4) 得

$$\alpha_\lambda^{t_1}=[\alpha]_\lambda^{20℃} Lc[1+K(t_1-20)]$$

$$\alpha_\lambda^{t_2}=[\alpha]_\lambda^{20℃} Lc[1+K(t_2-20)]$$

$$\frac{\alpha_\lambda^{t_1}}{\alpha_\lambda^{t_2}}=\frac{1+K(t_1-20)}{1+K(t_2-20)} \tag{2-13-5}$$

由上式很容易求得温度系数 K。

旋光度与使用光波有效波长的依赖关系是十分强烈的，尽管仪器使用了单色发光二极管和滤光片，但是由于不可避免的各种原因，有效波长还是会有变化并引起明显的测数误差，因此有必要校正有效波长。

校正使用的工具是石英校正管，标有 589.44nm 波长时，该校正管的旋光度值为 $\alpha_{589.44}^{20℃}$；若在温度 t(℃) 时，仪器测得该石英校正管的测数为

$$\alpha_{589.44}^t=[\alpha]_{589.44}^{20℃}[1+0.000144(t-20℃)] \tag{2-13-6}$$

说明仪器光源的有效波长与 589.44nm 一致。若不一致则须调整在仪器中的校正有效波长的装置以使测数与式(2-13-6) 所得的值一致，或在允许范围内。

为了提高有效波长的校正精度，取旋光度大一些的石英校正管作为校正工具。

钠灯波长589.44nm与汞灯波长546.1nm之间，石英校正管的旋光度与糖度之间相互转换可参考相关资料。

2.13.2 仪器的主要技术规格

原理：基于光学零位原理的自动数字显示旋光仪；

调制器：法拉第磁光调制器；

光源：发光二极管LED＋干涉滤光片，波长589.44nm；

可测样品最低透光率：1%；

测量范围：±45°（旋光度）；

最小读数：0.001°（旋光度）；

示值最大允许误差：±（0.01°＋测量值×0.05%）（0.05级）；

重复性（标准偏差σ）：样品透光率大于1%时≤0.002°（旋光度）；

试管：100mm，200mm；

电源：220V±10V，50Hz±1Hz；

外形尺寸：600mm×320mm×200mm；

净重：30kg。

2.13.3 工作原理与结构

2.13.3.1 光学零位原理

若使自然光依次经过起偏器和检偏器，以起偏器和检偏器的通光方向正交时作为零位，检偏器偏离正交位置的角度α与入射检偏器的光强I之间的关系按马吕斯定律为$I=I_0\cos^2\alpha$，如图2-13-1曲线A所示。

法拉第线圈两端加以频率为f的正弦交变电压$u=U\sin2\pi ft$时，按照法拉第磁光效应，通过的平面偏振光振动平面将叠加一个附加转动：$\alpha^1=\beta\sin2\pi ft$。在起偏器与检偏器之间有法拉第线圈时，出射检偏器光强信号如下：

① 在正交位置时可得图2-13-1曲线B与B′，光强信号为某一恒定的光强叠加一个频率为$2f$的交变光强。

② 向右偏离正交位置时可得图2-13-1曲线C与C′，光强信号为某一恒定的光强叠加一个频率为f的交变光强，见曲线C′。

③ 向左偏离正交位置时可得图2-13-1曲线D与D′，光强信号为某一恒定的光强叠加一个频率为f的交变光强，见曲线D′，但交变光强信号相位正好与向

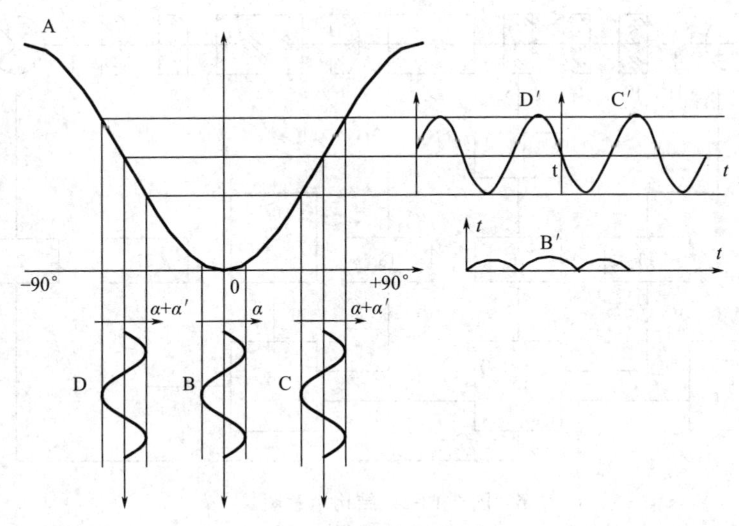

图 2-13-1　角度与光强关系

右偏离正交位置时的交变光强信号相位相反。

故鉴别光强信号中 f 分量的交变光强是否为零，可精确判断起偏器与检偏器是否处于正交位置；鉴别 f 分量交变光强的相位，可判断检偏器是左还是右偏离正交位置。

2.13.3.2　结构与原理

图 2-13-2 是仪器的结构框图。发光二极管发出的光依次通过光阑、聚光镜、起偏器、法拉第调制器、准直镜，形成一束振动面随法拉第线圈中交变电压而变化的准直的平面偏振光，经过装有待测溶液的试管后射入检偏器，再经过接收物镜、干涉滤光片、光阑后单色光进入光电倍增管，光电倍增管将光强信号转变成电号，并经前置放大器放大。自动高压是按照入射到光电倍增管的光强自动改变光电倍增管的高压，以适应测量透光率较低的深色样品的需要。

若检偏器相对于射入的偏振光平面偏离正交位置，则通过频率为 f 的交变光强信号，经光电倍增管转换成频率为 f 的电信号，此电信号经过前置放大后输入电机控制部分，再经选频、功放后驱动伺服电机通过机械传动带动检偏器转动，使检偏器与起偏器产生的偏振光平面到达正交位置，频率为 f 的电信号消失，伺服电机停转。

仪器一开始正常工作，检偏器按照上述过程自动停在正交位置上，此时将计数器清零，设定为零位，若将装有旋光度为 α 的样品的试管放入试样室中，入射的平面偏振光相对于检偏器偏离了正交位置 α 角度，于是检偏器按照前述过程转过 α 角再次使偏振光获得新的正交位置。码盘计数器和单片机控制电路将起偏器转过的 α 角转换成旋光度并在液晶显示器上显示测量结果。

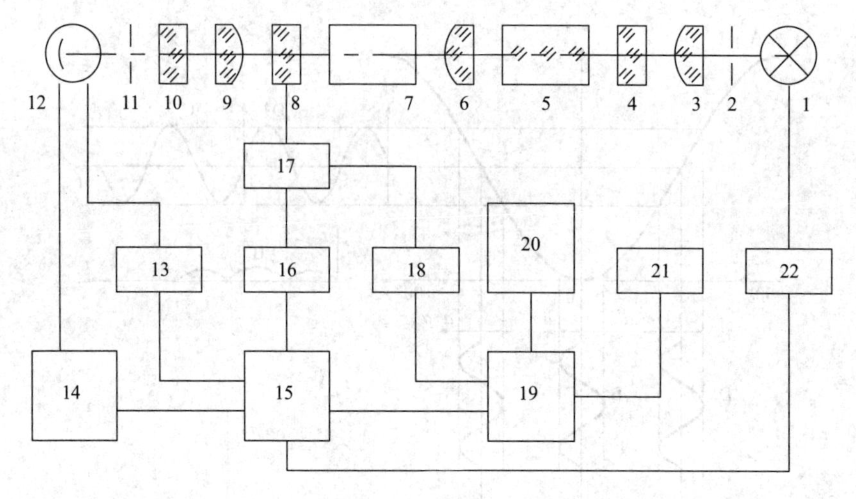

图 2-13-2 结构示意图

1—发光二极管；2—光阑；3—聚光镜；4—起偏器；5—法拉第调制器；6—准直镜；7—试管；8—检偏器；9—接收物镜；10—干涉滤光片；11—光阑；12—光电倍增管；13—自动高压；14—前置放大器；15—电机控制；16—伺服电机；17—机械传动；18—码盘计数器；19—单片机控制；20—液晶显示；21—输出接口；22—光源控制

2.13.4 仪器的使用方法

操作步骤如下：

① 安放仪器：本仪器应安放在正常的照明、室温和湿度条件下，不要在高温高湿的条件下使用，避免经常接触腐蚀性气体，否则将影响使用寿命，承放本仪器的基座或工作台应牢固稳定，并基本水平。

② 接通电源：将随机所附电源线一端插 220V/50Hz 电源（最好是稳压电源），另一端插入仪器背后的电源插座。

③ 准备试管。

④ 清零：在已准备好的试管中注入蒸馏水或待测试样的溶剂放入仪器试样室的试样槽中，按下“清零”键，使显示为零。一般情况下本仪器如在不放试管时示数为零，放入无旋光度溶剂后（例如蒸馏水）测数也为零，但须注意倘若在测试光束的通路上有小气泡或试管的护片上有油污、不洁物或将试管护片旋得过紧，会引起附加旋光度，将会影响空白测数，在有空白测数存在时必须仔细检查上述因素或者用装有溶剂的空白试管放入试样槽后再清零。

⑤ 测试

除去空白溶剂，注入待测样品，将试管放入试样室的试样槽中，仪器的伺服系统动作，液晶屏显示所测的旋光度值，此时液晶屏显示“1”。

注意：

试管内腔应用少量被测试样冲洗 3～5 次。

⑥ 复测：按“复测”键一次，液晶屏显示“2”，表示仪器显示的是第二次测量结果，再次按“复测”键，显示“3”，表示仪器显示的是第三次测量结果。按“1　2　3”键，可切换显示各次测量的结果。按“平均”键，显示平均值，液晶屏显示“平均”。

⑦ 温度校正：测试前或测试后，测定试样溶液的温度，按 2.13.1 中所述将测得的结果进行温度校正。

⑧ 测深色样品：当被测样品透光率接近 1%时仪器的示数重复性将有所降低，此系正常现象。

⑨ 接口：可以用附件中的连线同选配的打印机（RD-TH32-SC）连接，测试完成后，按“平均”键，打印测试结果。

⑩ 糖度测试：仪器开机后的默认状态为测量旋光度，液晶屏显示“α”。如需测量糖度，可按“Z/α”键，液晶屏显示“Z”。注意：当试样室中有试管，按“Z/α”键，液晶屏显示“Z”，结果显示“0.000”，必须重新放入试管，所示值才为该样品糖度。

⑪ 测定浓度或含量：先将已知纯度的标准品或参考样品按一定比例稀释成若干不同浓度的试样，分别测出其旋光度。然后以横轴为浓度，纵轴为旋光度，绘成旋光曲线。一般通过旋光曲线按算术插值法制成查对表。

测定时，先测出样品的旋光度，根据旋光度从旋光曲线上查出该样品的浓度或含量。

旋光曲线应用同一台仪器、同一支试管来做，测定时应予注意。

⑫ 测定比旋光度纯度：先按药典规定的浓度配制好溶液并测出旋光度，然后按下列公式计算比旋光度［α］：

$$[\alpha]=\frac{\alpha}{Lc}$$

式中，α 为测得的旋光度，(°)；c 为溶液的浓度，g/mL；L 为溶液的长度，即试管长度，dm。

由测得的比旋光度，可得样品的纯度：

$$纯度=\frac{实测比旋光度}{理论比旋光度}$$

⑬ 测定国际糖度

国际糖度标准规定，用 26g 纯糖制成 100mL 溶液，用 200mm 试管在 20℃

下用钠光测定，其旋光度为+34.626，其糖度为100。

2.13.5 仪器的维修及保养

(1) 仪器的保养

使用一段时间之后由于外界环境的影响，仪器的光学系统表面可能积灰或发霉，影响仪器性能，可用小棒缠脱脂棉花蘸少量无水乙醇或醋酸丁酯轻轻揩擦。如有霉点可用棉花蘸酒精后，再蘸少量的氧化铈（红粉）或碳酸钙轻轻揩擦。

光学零部件一般勿轻易拆卸。光学零部件一经拆卸会破坏原来的光路，必须重新调整，否则仪器性能将受影响甚至无法工作。若因故必须拆卸更换光学零件，应送厂家解决。

(2) 光路的检查

可用外径为ϕ30mm的圆片放入试样槽中测试光束的入口处和出口处，在较暗的室内光线下可以看到测试光束投射到圆片上的光斑，此光斑应呈圆形且与圆片基本同心，如光斑明显不圆或明显偏离中心则必将影响仪器的性能，应送厂家处理。

(3) 测数校正

出厂的仪器均已由厂家对测数进行了校正，倘若由于一些因素仪器的测数偏离了正确值，可以用石英校正管或精确已知旋光度的标准样品在仪器上进行测试，考察示数值与标准值是否一致，若测试结果超过允许范围，可进行测数校正。

在仪器的左侧有一圆盖，松开盖子旁的螺钉将盖子取下，可以看到图2-13-3所示的滤光片调节部件。用螺丝刀略微松开第2排的固定螺钉，再调节第1排最右边的螺钉可改变仪器的测数，直至仪器测数与石英标准管或标准样品的标准值之差在允许范围内为止，再旋紧固定螺钉。如果仍不能校正测数则须检查其他原因，可能是仪器有故障，或标准样品的标准值有问题，或没有严格控制测数温度。

图2-13-3 调节部件

2.13.6 常见故障及其处理方法

见表2-13-1。

表2-13-1 故障分析与处理

故障现象	原因分析	排除方法
打开电源开关，灯不亮	1. 电源开关坏； 2. 发光二极管坏； 3. 2A保险丝坏	1. 调换电源开关或返厂修理； 2. 调换光源或返厂修理； 3. 换2A保险丝
按“清零”键无反应	1. 按键接触不好； 2. 接插件或连线不良； 3. 计数板坏	1. 再按一下“清零”键； 2. 更换连接器件； 3. 换计数板
不计数	1. 计数连线插头脱落； 2. 计数板坏； 3. 光电检测系统坏	1. 插好插头； 2. 换计数板； 3. 返厂修理

附录 用石英控制板进行波长校正

管身所刻数值系指石英管用钠D线（有效波长589.44nm）测量的值，在20℃时旋光度值 $\alpha_{589.44}^{20.0℃}$ 精度为±0.005°，方向性误差小于0.005°。可用于校正精度为±0.01°或精度低于±0.01°的旋光仪。

按国际糖品分析统一方法委员会会议报告所提供的数据及公式对管身所刻数值 $\alpha_{589.44}^{20.0℃}$ 可作如下转换：

① 温度校正 $\alpha_t=\alpha_{20.0℃}[1+0.000144(t-20)]$

$\alpha_{20.0℃}$：20.0℃时的测量值；α_t：t(℃) 时的测量值。

上式可适用于不同的谱线、不同单位进行测量时所作的温度校正。

② 用汞绿线（波长546.1nm）20.0℃时的旋光度值 $\alpha_{546.1}^{20.0℃}$。

$$\alpha_{546.1}^{20.0℃}=\alpha_{589.44}^{20.0℃}\times 1.17610$$

③ 用钠D线（有效波长589.44nm）20.0℃时的糖度值 $S_{589.44}^{20.0℃}$：

$$S_{589.44}^{20.0℃}=\alpha_{589.44}^{20.0℃}\times 2.888$$

④ 用汞绿线（波长546.1nm）20.0℃时的糖度值 $S_{546.1}^{20.0℃}$：

$$S_{546.1}^{20.0℃}=\alpha_{589.44}^{20.0℃}\times 2.88253$$

2.14 SLDS-Ⅰ电导率仪

电导率仪是实验室测量液体介质电导率的理想仪器。

本仪器具有以下特点：

① 采用低压变频设计，测量准确度高、稳定性及可靠性好、安全性高、使用方便。

② 具有溶液温度补偿功能及电极常数补偿功能。

③ 可连续监测 0～10mV 的直流信号输出，可外接记录仪。

④ 可选配和计算机连接的串行口。

⑤ 具有自动、手动选择量程功能，以及自动、手动温度补偿功能。

⑥ 具备自动存储及修正功能。

2.14.1 技术条件

(1) 技术指标

见表 2-14-1。

表 2-14-1 技术指标

测量范围	$0\sim2\times10^{5}\mu S/cm$
基本误差	≤3%
温度测量范围	−9.9～99.9℃
温度补偿范围	0～99.9℃
信号输出	0～10mV(DC)
消耗功率	20W

注：本仪器具备温度测量功能。

(2) 使用条件

电源：220V±10%，50Hz；

环境：温度−5～50℃，湿度≤85%；

场合：无腐蚀性气体。

2.14.2 工作原理

在电解质溶液中，带电的离子在电场的作用下移动而传递电子，其导电能力

以电阻 R 的倒数电导 G 表示：$G=1/R$，当温度一定时，电阻与电极距离 L 成正比，与电极截面积 A 成反比：$R=\rho\dfrac{L}{A}$

$$\kappa=\frac{1}{\rho}$$

式中，ρ 为电阻率，Ω·cm；κ 为电导率，S/cm。

所以，电导率 $\kappa=L/(AR)$

当电导池形状不变时，L/A 是常数，称电极常数，以 J 表示，$J=L/A$ 因此 $\kappa=JG$(S/cm)。

式中，S 称西门子，$1S=10^3 mS=10^6 \mu S$，mS、μS 分别称为毫西门子与微西门子。

从上式可知，当采用电极常数为 1 的电极时，电导率和电导数值相等。

电导的测量，实际上是通过测量浸入溶液的电极极板之间的电阻来实现的。

2.14.3 使用方法

仪器面板示意图见图 2-14-1 和图 2-14-2。

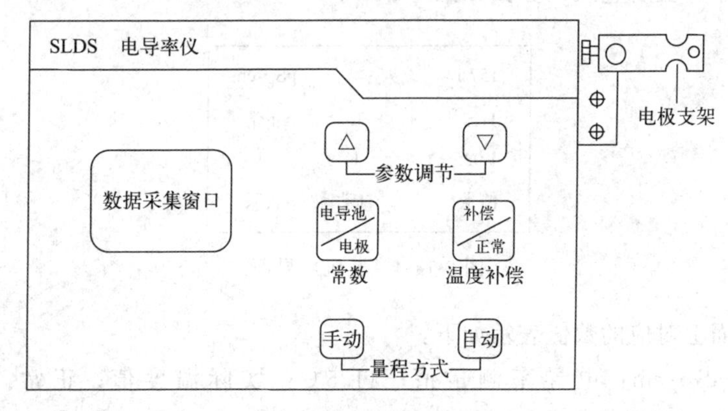

图 2-14-1 前面板示意图

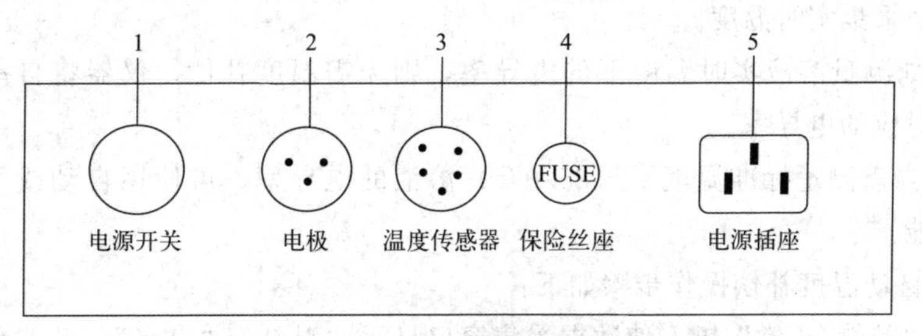

图 2-14-2 后面板示意图

1—电源开关；2—电极输入插座；3—温度传感器插座；4—保险丝座：0.2A；5—电源插座：与 220V 连接

① 仪器操作界面如图 2-14-3 所示。

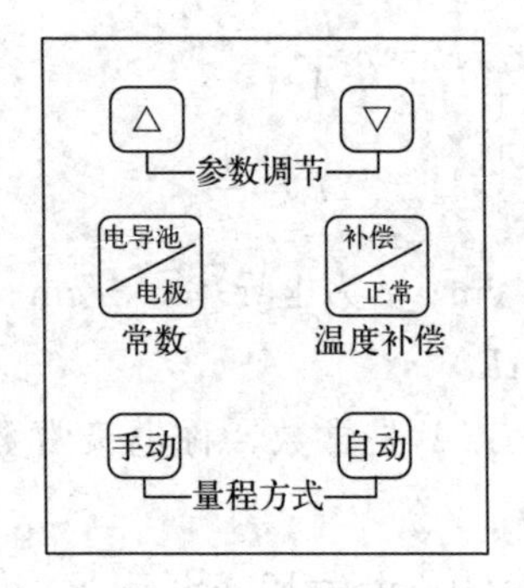

图 2-14-3 操作界面

② 将电极插头及温度传感器插头插入对应插座，并将电极置于被测溶液中，将温度传感器置于对应的被测环境中，接通仪器电源，让仪器预热 15min。

注意：

仪器安装时电极及温度传感器上的编号和仪器上的编号要相对应。

③ 仪器开机后进入的界面如图 2-14-4。

157.1		μS · cm
11.5	℃	正常
1.025	1	
测量	自动	自采

图 2-14-4 开机后界面

a. 界面上对应的数值表示如下：

157.1μS · cm：电导率测量值；11.5℃：实际温度值；正常：无补偿；1.025：电导池常数；1：电极常数；测量 自动：自动选择量程测量数据；自采：自动采集实时温度。

b. 如测量溶液实时温度下的电导率，则无需温度补偿，仪器将自动测量出溶液相对应的电导率。

④ 当需测量标准温度下（25.0℃）溶液的电导率，可使用自动或手动温度补偿功能。

a. 自动温度补偿操作步骤如下：

按“补偿/正常”键，使数据采集窗口显示“温补”“自采”，此时仪器自动采集实时温度，测量出补偿后的电导率。

例如：被测溶液温度为 26.0℃，进行补偿的界面如图 2-14-5。

b. 手动温度补偿操作步骤如下：

按两次“补偿/正常”键，使数据采集窗口显示“温补”及“手输”，此时，再按△、▽键进行温度补偿输入，设置实时温度。

例如：被测溶液温度为 26.0℃，进行补偿的界面如图 2-14-6。

154.0		μS · cm
26.0	℃	温补
1.025	1	
测量	自动	自采

图 2-14-5　自动温度补偿

154.0		μS · cm
26.0	℃	温补
1.025	1	
测量	自动	手输

图 2-14-6　手动温度补偿

注意：

仪器显示“正常”时，无温度补偿功能。

⑤ 校准：(请仔细阅读说明书后进行此操作，否则会影响测量准确度)

a. 同时长按“补偿/正常”和“手动”键，数据采集窗口转换到校准状态，显示如图 2-14-7。

b. 等数值稳定后，再按“电导池/电极”键，切换到“MS”校准状态，显示如图 2-14-8。

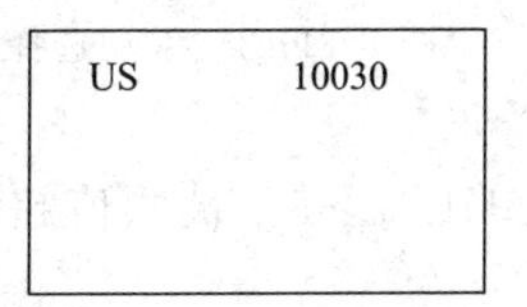

US	10030

图 2-14-7　校准显示

MS	09293

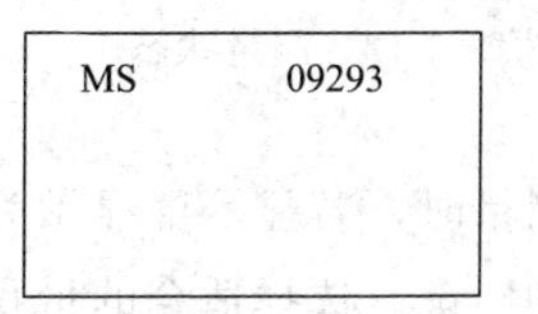

图 2-14-8　“MS”校准状态

c. 等数值稳定后，再按“电导池/电极”键，切换到“US”校准状态，显示如图 2-14-9。等数值稳定后，关闭电源开关，再重新开机。

⑥ 电导池、电极常数的修改：

a. 如需修改电导池常数，长按“电导池/电极”键，显示如图 2-14-10。

US	10030

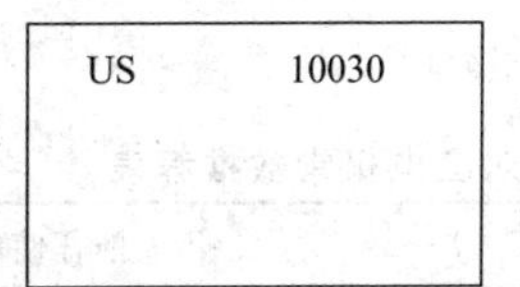

图 2-14-9　“US”校准状态

电导池常数
1.002

图 2-14-10　修改电导池常数

再按[△]、[▽]键进行修改。

b. 如需修改电极常数，再按下“电导池/电极”键，显示如图 2-14-11。再按[△]、[▽]键进行修改。

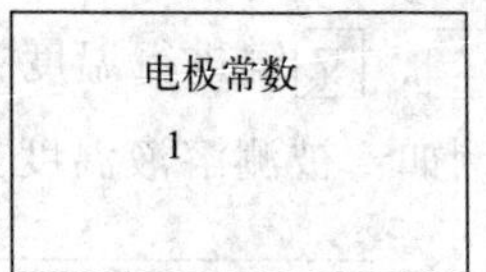

图 2-14-11　修改电极常数

c. 数据修改完成后再按“电导池/电极”键，使数据采集窗口转换到测量状态，此时可以进行测量。显示如图 2-14-12。

注意：

ⅰ. 仪器出厂时数据已经存储过，无需再操作。此步骤只有在更换电极时才需操作。

ⅱ. 为保证仪器测量准确，校准时须按规定进行操作。

⑦ 量程选择：此仪器量程选择分手动、自动两种。测量时一般都采用自动选择量程，按“手动”“自动”键，可进行手动与自动切换。如需手动选择量程，按“手动”键，在数据采集窗口显示“手动”。界面如图 2-14-13。

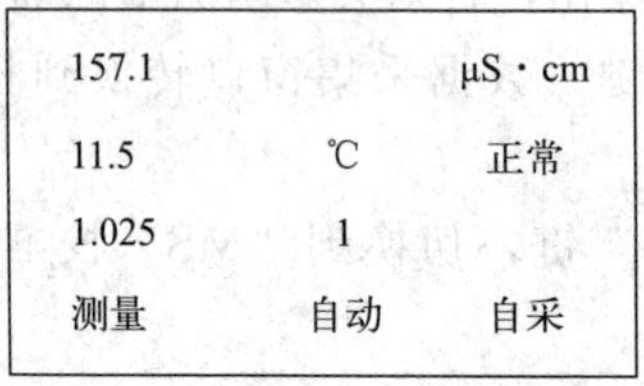

157.1		μS・cm
11.5	℃	正常
1.025	1	
测量	自动	自采

图 2-14-12　测量状态

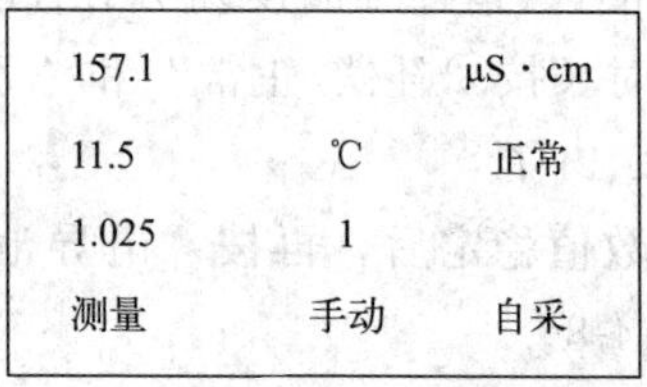

157.1		μS・cm
11.5	℃	正常
1.025	1	
测量	手动	自采

图 2-14-13　手动选择量程

选择手动测量时，若显示屏显示为“OUL”，表示被测值超出量程范围，此时继续按“手动”键，选择适合的量程。

⑧ 测量高电导率的溶液，若被测溶液的电导率高于 20mS/cm 时，应选用 DJS-10 电极，此时量程范围可扩大到 200mS/cm（20mS/cm 挡可测至 200mS，2mS/cm 挡可测至 20mS/cm，但显示数须乘 10）。

测量纯水或高纯水的电导率，宜选 0.01 电极常数的电极，被测值＝显示数×0.01。也可用 DJS-0.1 电极，被测值＝显示数×0.1。

被测液的电导率低于 30μS/cm，宜选用 DJS-Ⅰ光亮电极。电导率高于 30μS/cm，应选用 DJS-1 铂黑电极。选择电极时可参考表 2-14-2。

表 2-14-2　电导率范围及对应电极常数推荐表

电导率范围/(μS/cm)	电阻率范围/Ω・cm	推荐使用电极常数/cm^{-1}
0.05～2	20M～500K	0.01,0.1
2～200	500K～5K	0.1,1.0

续表

电导率范围/(μS/cm)	电阻率范围/Ω·cm	推荐使用电极常数/cm^{-1}
200～2000	5K～500	1.0
2000～20000	500～50	1.0,10
2×10^4～2×10^5	50～5	10

⑨ 仪器可长时间连续使用，可将输出信号（0～10mV）外接记录仪进行连续监测，也可选配串口，由电脑显示监测。

2.14.4 维护及注意事项

① 仪器设置的溶液温度系数为2%，与此系数不符合的溶液使用温度补偿器将会产生一定的误差，为此可把“温度”置于25℃，所得读数为被测溶液在测量温度下的电导率。

② 测量纯水或高纯水要点：

a. 应在流动状态下测量，确保密封状态，为此，用管道将电导池直接与纯水设备连接，防止空气中CO_2等气体溶入水中使电导率迅速增大。

b. 流速不宜太高，以防产生湍流，测量中可逐渐增大流速使指示值不随流速的增加而增大。

c. 避免将电导池装在循环不良的死角。

操作时可采用图2-14-14所示测量槽，将电极插入槽中，槽下方接进水管(聚乙烯管)，管道中应无气泡。也可将电极装在不锈钢三通管中，见图2-14-15，先将电极套入密封橡皮圈，装入三通管后用螺帽固紧。

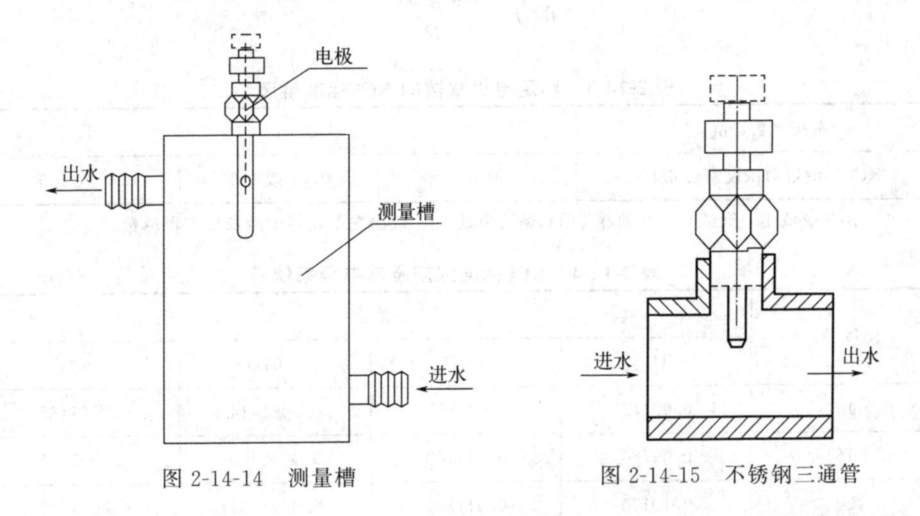

图2-14-14　测量槽　　图2-14-15　不锈钢三通管

③ 电极插头，插座不能受潮。盛放被测液的容器须清洁。

④ 电极使用前后都应清洗干净。

附录　电极常数的测定方法

1. 参比溶液法

① 清洗电极。

② 配制标准溶液，浓度和标准电导率值见表 2-14-3 和表 2-14-4。

③ 把电导池接入电导率仪。

④ 控制溶液温度为 25℃。

⑤ 把电极浸入标准溶液中。

⑥ 测出电导池电极间电阻 R。

⑦ 按下式计算电极常数 J：

$$J=\kappa R$$

式中，κ 为溶液已知电导率（查表可得）。

2. 比较法

即用一已知常数的电极与未知常数的电极测量同一溶液的电阻。

① 选择一支合适的标准电极（设常数为 $J_{标}$）；

② 把未知常数的电极（设常数为 J_1）与标准电极以同样的深度插入液体中（都事先清洗）。

③ 依次把它们接到电导率仪上，分别测出电阻 R_1 及 $R_{标}$，则：

$$\frac{J_{标}}{J_1}=\frac{R_{标}}{R_1}$$

$$得\ J_1=\frac{J_{标}R_1}{R_{标}}$$

表 2-14-3　测定电极常数的 KCl 标准溶液

电极常数/cm^{-1}	0.1	1	10
KCl 溶液近似浓度/(mol/L)	0.01	0.01 或 0.1	0.1 或 1.0

注：KCl 应该用一级试剂，并须在 110℃烘箱中烘 4h，取出在干燥器中冷却后方可称量。

表 2-14-4　KCl 标准浓度及其电导率值　　单位：S/cm

温度/℃	浓度			
	1D	0.1D	0.01D	0.001D
15	0.09212	0.010455	0.0011414	0.0001185
18	0.09780	0.011168	0.0012200	0.0001267
20	0.10170	0.011644	0.0012737	0.0001322

续表

温度/℃	浓度			
	1D	0.1D	0.01D	0.001D
25	0.11131	0.012852	0.0014083	0.0001465
35	0.13110	0.015351	0.0016876	0.0001765

1D：20℃下每升溶液中 KCl 为 74.2650g。

0.1D：20℃下每升溶液中 KCl 为 7.4365g。

0.01D：20℃下每升溶液中 KCl 为 0.7440g。

0.001D：20℃下将 100mL 的 0.01D 溶液稀释至 1L。

2.15 721/722/752 紫外-可见分光光度计

2.15.1 简介

1. 原理

物质对光的吸收具有选择性，在光的照射下会产生吸收效应。不同的物质具有不同的吸收光谱。当某单色光通过溶液时，其能量就会因被吸收而减弱，光能量减弱的程度和物质的浓度成一定的比例关系。

分光光度计是基于比色原理对样品进行定性和定量分析的，在一定浓度范围内符合朗伯-比尔定律：

$$A=\lg(1/T)=kcl \quad T=I/I_0$$

式中，A 为吸光度；T 为透光率；I 为透射光强度；I_0 为入射光强度；k 为样品的吸光系数；c 为样品的浓度；l 为光透过样品的长度。

2. 用途

紫外-可见分光光度计能在紫外、可见光谱区内，对样品物质做定性、定量分析，广泛应用于医药卫生、临床检测、生物化学、石油化工、环保检测、食品卫生和质量控制等部门，并可作为高等院校相关课程的教学演示和实验仪器。

3. 特点

① LCD 液晶显示器；

② 优化的 CT 式光路，保证了超低杂散光；

③ 简便的灯源更换操作。

4. 技术指标

见表 2-15-1。

表 2-15-1 技术指标

项目	721(721-100)	722(N/S)	752(N/PC)
波长范围	350～1020nm	320～1020nm	195～1020nm
波长准确度	±2nm	±2nm	±2nm
波长重复性	≤1nm	≤1nm	≤1nm
光谱带宽	6nm	5nm	4nm
杂散光	≤0.3%T（在 360nm 处）	≤0.3%T（在 360nm 处）	≤0.3%T（在 220、360nm 处）
透射比测量范围	0.0%T～199.9%T	0.0%T～199.9%T	0.0%T～199.9%T
吸光度测量范围	0.000～1.999A	0.000～1.999A	0.000～1.999A
透射比准确度	±1.0%T	±0.5%T	±0.5%T
透射比重复性	±0.5%T	±0.2%T	±0.2%T
稳定性	≤0.5%T/3min	≤0.5%T/3min	≤0.5%T/3min
噪声	0.3%T	0.3%T	0.3%T
亮电流	≤0.5%T/3min	≤0.5%T/3min	≤0.5%T/3min
接收元件	光电池	光电池	光电池

5. 主要功能

A：测量样品的吸光度。

T：测量样品的透光率。

C：输入 F 值测量浓度。

F：输入 F 值测量浓度。

6. 结构

见图 2-15-1 和图 2-15-2。

7. 仪器安装

① 开箱后，对照装箱单仔细核对箱内物件是否齐全并完好无损。

② 确定工作环境是否满足要求，环境温度 10～35℃，环境相对湿度不大于 85%，工作电压 (220±22)V/(50±1)Hz。

③ 将仪器置于水平平台上，仪器应避免阳光直射，远离电磁发射装置和大功率电气装置，使用环境不能有尘埃、腐蚀性气体和振动。

④ 仪器周围不能有任何障碍影响仪器周围空气的流动。

⑤ 确认电源插座有完好的接地线。

⑥ 检查样品室，确保里面没有任何溶液和异物，且仪器自检的过程中要确保样品室盖关上，不能中途打开（此项非常重要，否则影响仪器的自检结果和正常使用!）。

⑦ 打开仪器电源，预热 30min 后使用，如遇问题请参考维护手册。

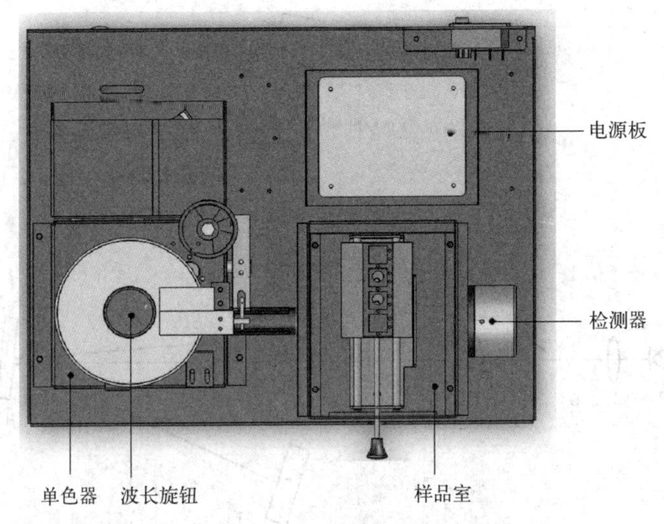

图 2-15-1　可见仪器三维视图简图（拆去外壳后）

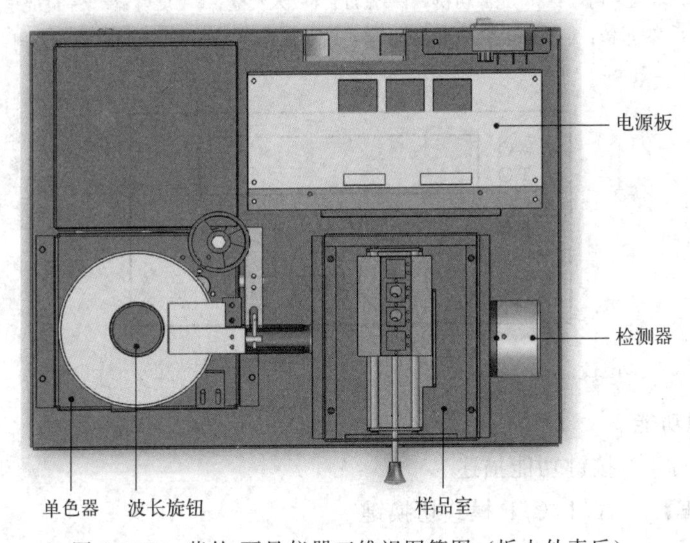

图 2-15-2　紫外-可见仪器三维视图简图（拆去外壳后）

8. 仪器光路

见图 2-15-3。

2.15.2　按键定义与基本操作

1. 仪器面板

见图 2-15-4。

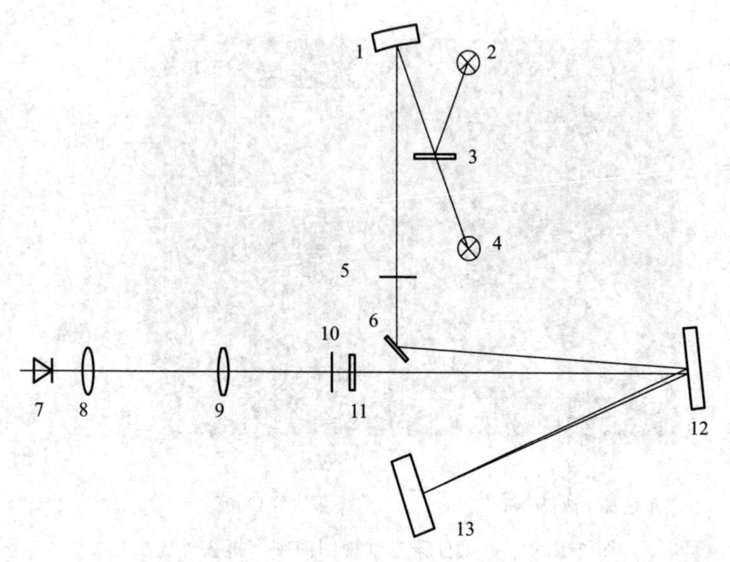

图 2-15-3 仪器光路简图

1—物镜；2—钨灯；3—光源切换；4—氘灯；5—入狭缝；6—反射镜；7—硅光电池；
8—聚焦镜；9—聚焦镜；10—出狭缝；11—滤色片；12—准直镜；13—光栅

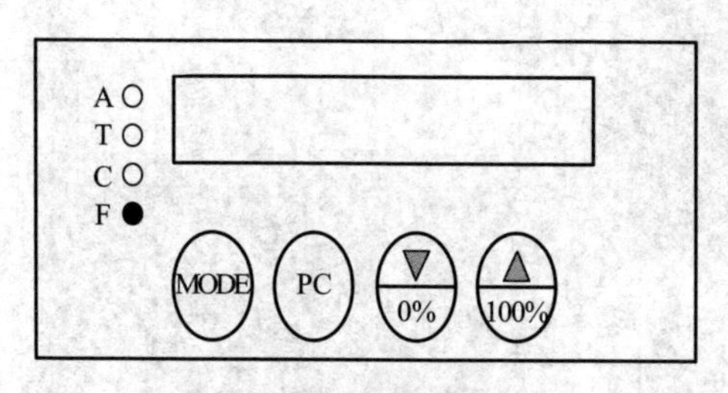

图 2-15-4 仪器面板

2. 按键功能

按键名称	按键功能描述
【MODE】	A/T/C/F 模式切换键
【PC】	打印/联机发送数据键
【▼/0%】	F 模式输入数据变小/调透光率 0%T 键
【▲/100%】	F 模式输入数据变大/调透光率 100%T 或吸光度 0.000ABS 键

3、基本操作

① 调空白

在 T 模式下，把黑体拉入光路，按【▼/0%】键，等待显示 000.0，然后取出黑体。

在 T/A 模式下，把装有参比液的比色皿放入比色皿槽，并把其拉到光路中，按【▲/100%】键调空白。

② 设置波长

正视刻度盘的显示窗，旋转波长旋钮到所需要的波长。

注意：

紫外区（190～360nm）必须使用石英比色皿！选配的5cm比色皿架中间的挡板按箭头指示放置。

2.15.3 操作方法

1. 吸光度测量

① 旋转波长旋钮到所需要的波长。

② 把参比溶液放入光路，按【▲/100%】调零（0.000）。

③ 放入样品溶液，并把其拉入光路中，显示屏显示的值即为该溶液的吸光度。

2. 透光率测量

① 旋转波长旋钮到所需要的波长。

② 把黑体放入光路，按【▼/0%】调零（000.0），把空白拉入光路，按【▲/100%】调满度（100%T）。

③ 放入样品溶液，并把其拉入光路中，显示屏显示的值即为该溶液的透光率。

3. 浓度测量

已知过零点标准曲线 K 值（$y=Kx$）。

① 旋转波长旋钮到所需要的波长；

② 用参比溶液调空白（100%T/0.000ABS）；

③ 把样品溶液放入比色皿槽；

④ 按【MODE】键选择F挡；

⑤ 按【▼/0%】/【▲/100%】输入已知的 K 值；

⑥ 按【MODE】键，使仪器指示灯在浓度“C”挡；

⑦ 把样品溶液拉入光路中，读数即为该溶液的浓度值。

2.16 FDY双液系沸点测定仪

液体的沸点是指液体饱和蒸气压和外压相等时的温度，在一定外压下，纯液体的沸点有一确定值。任意两种液体混合组成的体系称为双液体系。对完全互溶的二元体系，沸点还跟组成有关。把两种完全互溶的挥发性液体混合后，在一定温度下，平衡共存的气、液两相组成不同，因此在恒压下将溶液蒸馏，测定蒸馏物（气相）与蒸馏液（液相）的组成，就能得到平衡时气液两相的组成，并绘制出 T-X 图。

FDY 双液系沸点测定仪就是根据这个原理设计的，为更好地满足使用要求，开发出的一体式双液系沸点测定仪，将精密数字温度计、数字恒流源一体化设计，具有体积小，使用简便，显示清晰直观，实验数据稳定、可靠等特点。

2.16.1 技术条件

(1) 技术指标

见表 2-16-1。

表 2-16-1 技术条件

温度测量范围	−50～150℃
温度测量分辨率	0.1℃(0.01℃)
加热电源输出范围	0～15V
电压分辨率	0.01V

(2) 使用条件

电源：220V±10%，50Hz；

环境：温度−5～50℃，湿度≤85%；

场合：无腐蚀性气体。

2.16.2 使用说明

(1) 前面板

示意图见图 2-16-1。

(2) 后面板

示意图见图 2-16-2。

(3) 仪器与试剂

①FDY 双液系沸点测定仪；②玻璃沸点仪；③AR 无水乙醇；④AR 环己烷。

(4) 实验装置连接图

见图 2-16-3。

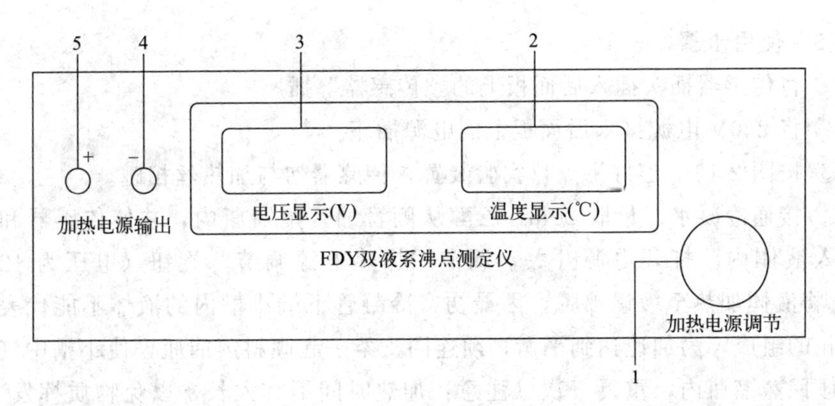

图 2-16-1 前面板示意图

1—加热电源调节；2—温度显示窗口；3—电压显示窗口；4—负极接线柱；5—正极接线柱

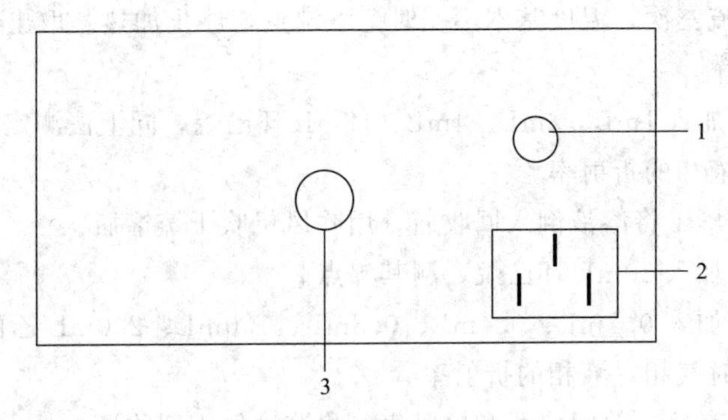

图 2-16-2 后面板示意图

1—电源开关；2—电源插座；3—传感器插座

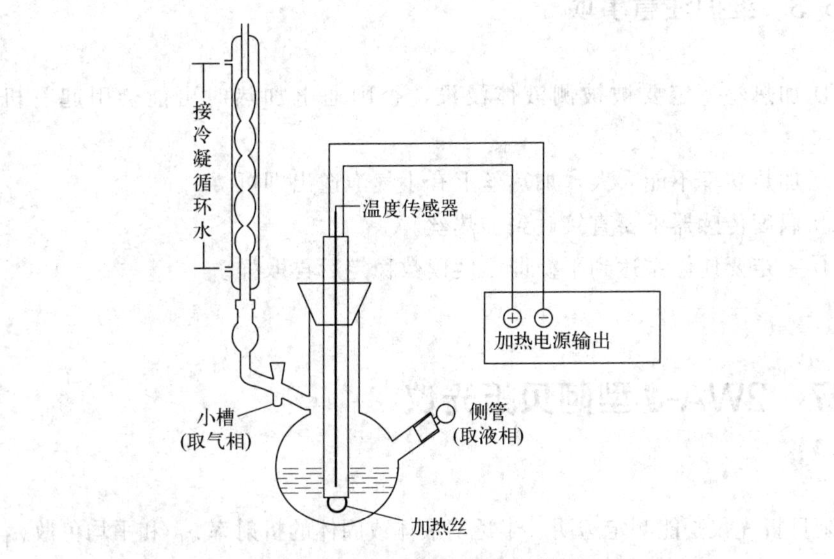

图 2-16-3 实验装置连接示意图

(5) 使用步骤

① 将传感器插头插入后面板上的“传感器”插座。

② 将 220V 电源接入后面板上的电源插座。

③ 按图 2-16-3 连好沸点仪实验装置，传感器勿与加热丝相碰。

④ 接通冷凝水。量取 20mL 乙醇从侧管加入蒸馏瓶内，并使传感器和加热丝浸入液体内。打开电源开关，调节“加热电源调节”旋钮（电压为 12V 即可）。将液体加热至缓慢沸腾，因最初在冷凝管下端小槽内的液体不能代表平衡时气相的组成，为加速达到平衡，须连同支架一起倾斜蒸馏瓶，使小槽中气相冷凝液倾回蒸馏瓶内，重复三次（注意：加热时间不宜太长，以免物质挥发），待温度稳定后，记下乙醇的沸点和室内大气压。

⑤ 通过侧管加 0.5mL 环己烷于蒸馏瓶中，加热至沸腾，待温度变化缓慢时，同上法回流三次，温度基本不变时记下沸点，停止加热。取出气相、液相样品，测其折射率。

⑥ 依次再加入 1mL、2mL、4mL、12mL 环己烷，同上法测定溶液的沸点和平衡时气相、液相的折射率。

⑦ 实验完毕，将溶液倒入回收瓶，用吹风机吹干蒸馏瓶。

⑧ 从侧管加入 20mL 环己烷，测其沸点。

⑨ 再依次加入 0.2mL、0.4mL、0.8mL、1.0mL、2.0mL 乙醇，按上法测其沸点和平衡时气相、液相的折射率。

⑩ 实验结束后，关闭仪器和冷凝水，将溶液倒入回收瓶。

2.16.3 维护注意事项

① 加热丝一定要被被测液体浸没，否则通电加热时可能会引起有机液体燃烧。

② 加热功率不能太大，加热丝上有小气泡逸出即可。

③ 温度传感器不要直接碰到加热丝。

④ 一定要使体系达到平衡即温度读数稳定后再取样。

2.17 2WA-J 型阿贝折光仪

阿贝折光仪是能测定透明、半透明液体或固体的折射率 n_D 和平均色散 n_F-n_C 的仪器（其中以测透明液体为主），如仪器上接恒温器，则可测定 0～70℃内的

折射率 n_D。它具有试液用量少、操作方便、读数精度高等优点，是化学实验中常用的一种光学仪器。

折射率和平均色散是物质的重要光学常数之一，能借以了解物质的光学性能、纯度、浓度、结构及色散大小等。折光仪能测量蔗糖溶液的含糖量（0～95%，相当于折射率为 1.333～1.531）。故此仪器使用范围甚广，是石油工业、油脂工业、制药工业、制漆工业、食品工业、日用化学工业、制糖工业和地质勘察等行业及科研单位的常用设备。

2.17.1 仪器规格

测量范围：n_D 为 1.300～1.700；

测量准确度（n_D）：±0.002；

仪器质量：2.6kg；

仪器体积：100mm×200mm×240mm。

2.17.2 仪器结构

如图 2-17-1。

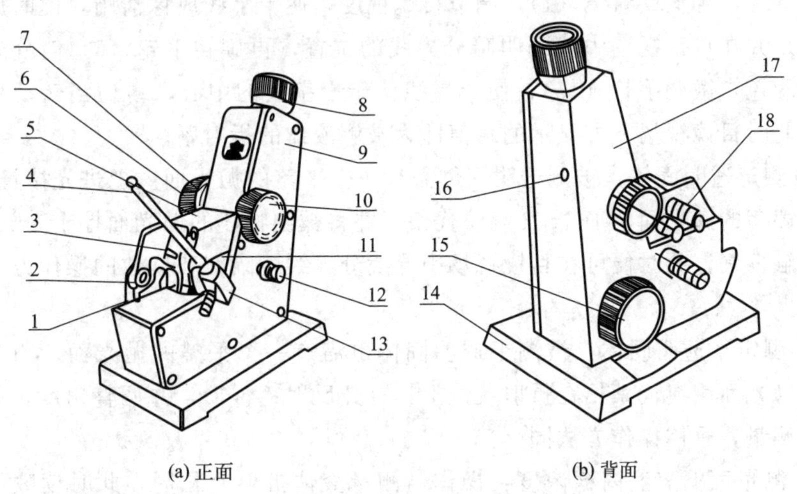

(a) 正面　　(b) 背面

图 2-17-1　阿贝折光仪

1—反射镜；2—转轴；3—遮光板；4—温度计；5—进光棱镜座；6—色散调节手轮；7—色散值刻度圈；8—目镜；9—盖板；10—手轮；11—折射棱镜座；12—照明刻度盘聚光镜；13—温度计座；14—底座；15—折光率刻度调节手轮；16—调节物镜的螺钉小孔；17—仪器外壳；18—恒温器接头

2.17.3 使用与操作方法

(1) 准备工作

在开始测定前，必须先用标准试样校对读数。对折射棱镜的抛光面加1～2滴溴代萘，再贴上标准试样的抛光面，当读数视场指示于标准试样之值时，观察目镜内明暗分界线是否在十字线中间，若有偏差则用螺丝刀微量旋转小孔（16）内的螺钉，带动物镜偏摆，使分界线位移至十字线中心。通过反复地观察与校正，使示值的起始误差降至最小（包括操作者的瞄准误差）。校正完毕后，在以后的测定过程中不允许随意再动此部位。

如果在日常测量工作中，对所测的折射率示值有怀疑时，可按上述方法用标准试样检验是否有起始误差，并进行校正。

每次测定工作之前及进行示值校准时必须将进光棱镜的毛面、折射棱镜的抛光面及标准试样的抛光面用无水乙醇与乙醚（1∶4）的混合液和脱脂棉花轻擦干净，以免留有其他物质，影响成像清晰度和测量精度。

(2) 测定工作

① 测定透明、半透明液体：将被测液体用干净滴管加在折射棱镜表面，并将进光棱镜盖上，用手轮（10）锁紧，要求液层均匀、充满视场、无气泡。打开遮光板（3），合上反射镜（1），调节目镜视度，使十字线成像清晰，此时旋转手轮（15）并在目镜视场中找到明暗分界线的位置，再旋转手轮（6）使分界线不带任何彩色，微调手轮（15），使分界线位于十字线的中心，再适当转动聚光镜（12），此时目镜视场下方显示的示值即为被测液体的折射率。

② 测定透明固体：被测透明固体需有一个平整的抛光面。把进光棱镜打开，在折射棱镜的抛光面上加1～2滴溴代萘，并将被测物体的抛光面擦干净放上去，使其接触良好，此时便可在目镜视场中寻找分界线，瞄准和读数的操作方法如前所述。

③ 测定半透明固体：被测半透明固体也需有一个平整的抛光面。测量时将固体的抛光面用溴代萘粘在折射棱镜上，打开反射镜（1），并调整角度，利用反射光束测量，具体操作方法同上。

④ 测量蔗糖溶液内糖浓度：操作与测量液体折射率相同，此时读数可直接从视场中示值上半部分读出，即为蔗糖溶液糖浓度。

⑤ 测定平均色散值：基本操作方法与测量折射率相同，只是以两个不同方向转动色散调节手轮（6）时，使视场中明暗分界线无彩色为止，此时需记下每次在色散值刻度圈（7）上指示的刻度值 Z，取其平均值，再记下其折射率 n_D。根据折射率 n_D 值，在阿贝折光仪色散表的同一横行中找出 A 和 B 的值。再根据

Z 值在表中查出相应的 δ 值。当 $Z>30$ 时，δ 值取负值。当 $Z<30$ 时，δ 值取正值，将所求出的 A、B、δ 值代入色散公式 $n_F - n_C = A + B\delta$ 就可求出平均色散值。

⑥ 若需测量在不同温度时的折射率，将温度计旋入温度计座（13）中，接上恒温器的通水管，把恒温器的温度调节到所需测量温度，接通循环水，待温度稳定 10min 后，即可测量。

2.17.4 维护与保养

为了确保仪器的精度，防止损坏，应注意以下要点：

① 仪器应置于干燥、空气流通的室内，以免光学零件受潮后生霉。

② 为了保护镜面，不能用滤纸或其他纸擦拭镜面，而只能用专用的擦镜纸。用滴管加样时，滴管口不能与镜面接触，若镜面上有固体残渣，用擦镜纸及时清除。试样的加入量应以在棱镜间形成一层均匀的液层为准，一般只需 2～3 滴即可。

③ 不能测定强酸、强碱或其他腐蚀性液体的折射率。

④ 当测试腐蚀性液体时应及时做好清洗工作（包括光学零件、金属零件以及油漆表面），防止侵蚀损坏。仪器使用完毕后必须做好清洁工作，放入木箱内，木箱内应存有干燥剂（变色硅胶）以吸收潮气。

⑤ 被测试祥中不应有硬性杂质，当测试固体试样时，应防止把折射棱镜表面拉毛或产生压痕。

⑥ 经常保持仪器清洁，严禁油手或汗手触及光学零件。若光学零件表面有灰尘，可用高级鹿皮或长纤维脱脂棉轻擦后用电吹风吹去。如光学零件表面沾上了油垢，应及时用乙醇-乙醚混合液擦干净。

⑦ 仪器应避免强烈振动或撞击，以防止光学零件损伤而影响精度。

⑧ 阿贝折光仪长期使用后须校正标尺零点。

第3章

基础实验部分

第一部分　热力学实验

实验 3-1　燃烧热的测定

【实验目的】

1. 掌握用氧弹量热计测定有机物燃烧热的方法。

2. 熟悉燃烧热的定义，掌握恒压燃烧热与恒容燃烧热的差别。

3. 熟悉用雷诺曲线法校正所测温差的方法。

4. 掌握压片技术，熟悉高压钢瓶的使用方法。学会用精密电子温差测量仪测定温度的改变值。

【实验原理】

燃烧焓的定义：在指定的温度和压力下，1mol 某物质完全燃烧并生成指定产物时的焓变，称为该物质在此温度下的摩尔燃烧焓，记作 $\Delta_c H_m$。通常来说，燃烧产物指定该化合物中 C 变为 $CO_2(g)$、H 变为 $H_2O(l)$、S 变为 $SO_2(g)$、N 变为 $N_2(g)$、Cl 变为 HCl(aq)、金属都成为游离状态等。

化合物燃烧热的测定有着广泛的实际应用价值，而且还可用来求算某些化合物的生成热、化学反应的反应热和一些化学键的键能等，具有十分重要的理论价值。

量热方法是热力学一个基本实验方法。热量有 Q_p 和 Q_V 之分。我们采用氧弹量热计测得的是恒容燃烧热 Q_V；而一般来说从物理化学手册上我们可以查到的燃烧热数值都是在 298.15K、$p^{\ominus}$条件下的值，即标准摩尔燃烧焓，它属于恒压燃烧热 Q_p。

根据热力学第一定律，我们可知，在不做非膨胀功的条件下，$Q_V = \Delta U$，$Q_p = \Delta H$。如果我们把参加反应的气体和反应生成的气体都作为理想气体处理，则它们之间存在以下关系：

$$Q_p = Q_V + \Delta nRT \tag{3-1-1}$$

式中，Δn 指的是反应前后生成物和反应物中所有气体的物质的量之差；R

为气体常数；T 为反应的热力学温度（量热计的外筒温度，即环境温度）。

在本实验中，我们首先在盛有 2500mL 水的容器中放入装有 W 克样品和足量氧气的密闭氧弹，使样品完全燃烧，此时燃烧放出的热量引起系统温度的迅速上升。根据能量守恒原理，用温度计测量水的温度的改变量，可由下式求得系统的 Q_V。

$$Q_V = \frac{M}{W}C(T_{终} - T_{始}) \tag{3-1-2}$$

式中，M 为样品的摩尔质量，g/mol；C 为样品燃烧放热给水和仪器每升高 1℃时所需要的热量，我们称之为水当量（J/K）。

水当量的求法是将已知燃烧热的物质（在本实验中我们采用苯甲酸）放入量热计中，测定 $T_{始}$ 和 $T_{终}$，即可求出水当量 C；然后再用相同的方法对待测物质进行测定，测定其燃烧前后的 $T_{始}$ 和 $T_{终}$，代入式(3-1-2)，便可求得其燃烧热。

【仪器与试剂】

氧弹量热计 1 套、量筒（3000mL）1 个，容量瓶（1000mL）1 个、氧气钢瓶 1 个、氧气减压阀 1 个、苯甲酸（分析纯）、萘（分析纯）、台秤 1 台、电子天平 1 台（0.0001g）、压片机 1 台、燃烧丝、棉线。

【实验步骤】

1. 量热计的水及仪器当量（即总热容）的测定

量热计热容数值上等于量热体系温度升高 1℃所需的热量。量热系统指在实验过程中发生的热效应所能分布到的部分，包括量热容器、氧弹的全部以及搅拌器、温度计的一部分。

量热计热容用已知燃烧热值的苯甲酸，在氧弹内用燃烧的方法测定。试样的测定应与热容的测定在完全相同的条件下进行。当操作条件有变化时，比如更换或修理量热计上的零件、更换温度计、室温与上次测定热容时的室温相差超过 5℃、量热计移到别处等，均应重新测定热容。

(1) 样品压片　在台秤上粗称苯甲酸约 0.9～1.0g，用压片机压成片，取约 10cm 长的燃烧丝和棉线各一根，分别在电子天平上准确称重；用棉线把燃烧丝固定在苯甲酸片上，准确称其总重。

(2) 氧弹充氧　将氧弹的弹头放在弹头架上，把燃烧丝的两端分别紧绕在氧弹头上的两根电极上，把弹头放入弹杯中，拧紧。

充氧时，开始先充约 0.5MPa 氧气，然后开启出口以赶出氧弹中的空气。再充入 1MPa 氧气，充气约 1min。将氧弹放入量热计中，接好点火线。（注意，氧弹不应漏气，如有漏气现象，应找出原因，予以修理。）

（3）调节水温　准备一桶自来水，调节水温约低于外筒水温1℃（也可以不调节水温直接使用）。用量筒取2500mL水注入内筒，水面应淹到氧弹进气阀螺帽高度约2/3处，放入搅拌头。

（4）测定水当量　将测温探头插入内筒，测温探头和搅拌器均不得接触氧弹和内筒。

整个实验过程可分为以下三个阶段：

① 初期：这是试样燃烧以前的阶段。在这一阶段我们需要观测和记录周围环境与量热系统在试验开始温度下的热交换关系。每隔1min读取温度一次，这样连续读取4～8组温度，直到读取的温度与上次之差小于0.01℃为止。

② 燃烧期：燃烧定量的试样，将产生的热量传给量热计，使量热计装置的各部分温度最终达到均匀。

在初期的最末一次读取温度的瞬间，按下点火键进行点火（按住约1min不放，确保点火成功），若温度迅速上升，则表明样品已经开始燃烧（如果通电后温度没有迅速上升，表示点火没有成功，需打开氧弹，检查失败的原因）。燃烧过程中应每隔15s读取一次温度，直到温度上升明显减缓为止（大约持续4～6min），这个阶段称为燃烧期。

③ 末期：这一阶段的目的与初期相同，是观察在试验终了温度下的热交换关系。在燃烧期读取最后一次温度后，需每隔1min读取温度一次，共读取4～8组温度，作为实验的末期。

（5）氧弹卸压　停止观测温度后，关闭搅拌器，从量热计中把氧弹取出，用放气帽缓缓压下放气阀，在1min左右放尽氧弹内的气体，拧开并取下氧弹盖，量出未燃完的燃烧丝线长度，计算其实际燃烧消耗掉的质量。随后仔细检查氧弹，如弹中有烟黑或未燃尽的试样微粒，则此试验应作废。如果未发现上述情况，用蒸馏水冲洗弹内各部分及坩埚和进气阀。

（6）实验结束　用干布将氧弹内外表面和弹盖擦拭干净，最好用热风将弹盖及零件吹干或风干，备用。

2. 试样燃烧热的测定

称取约0.5g萘，采用上述同样的方法进行第二次测定。

【数据记录与处理】

将数据填入表3-1-1和表3-1-2。

表 3-1-1　苯甲酸燃烧热数据处理

反应初期(1次/min)		反应中期(1次/15s)		反应末期(1次/min)	
序号	温度	序号	温度	序号	温度
1		1		1	
2		2		2	
3		3		3	
4		4		4	
5		5		5	
6		6		6	
7		7		7	
8		8		8	
		9			
		10			
		11			
		12			
		13			
		14			
		15			

表 3-1-2　萘燃烧热数据处理

反应初期(1次/min)		反应中期(1次/15s)		反应末期(1次/min)	
序号	温度	序号	温度	序号	温度
1		1		1	
2		2		2	
3		3		3	
4		4		4	
5		5		5	
6		6		6	
7		7		7	
8		8		8	
		9			
		10			
		11			
		12			
		13			
		14			
		15			

原始数据记录：

① 燃烧丝重____g；棉线重____g；苯甲酸样品重____g；

剩余燃烧丝重______g；水温____℃。

② 燃烧丝重____g；棉线重____g；萘样品重____g；

剩余燃烧丝重____g；水温____℃。

由实验数据分别求出苯甲酸、萘燃烧前后的 $T_{始}$ 和 $T_{终}$。

$\Delta T_{苯甲酸}=$________ $\Delta T_{萘}=$________

用雷诺法校正温差具体方法为：将燃烧前后观察所得的一系列水温和时间的关系作图，可得一曲线，如图 3-1-1 所示。

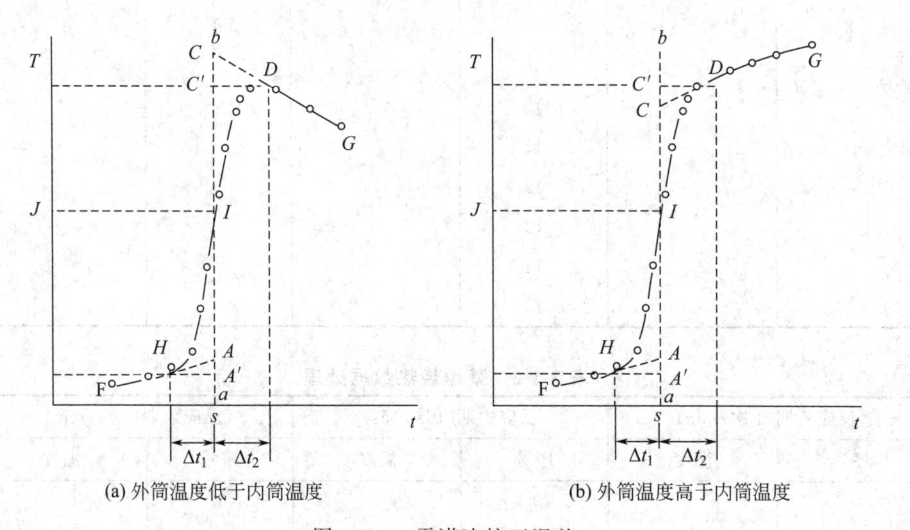

图 3-1-1　雷诺法校正温差

在图 3-1-1(a) 中，H 点意味着燃烧开始，热传入介质；D 点为观察到的最高温度值；从相当于室温的 J 点作水平线交曲线于 I，过 I 点作垂线 ab，再将 FH 线和 GD 线延长并分别交 ab 线于 A、C 两点，其间的温度差值即为经过校正的 ΔT。图 3-1-1(a) 中 AA' 为开始燃烧到温度上升至室温这一段时间 Δt_1 内，由环境辐射和搅拌引进的能量所造成的升温，故应予扣除。CC' 为由室温升到最高点 D 这一段时间 Δt_2 内，量热计向环境的热漏造成的温度降低，计算时必须考虑在内。故可认为 A、C 两点的差值较客观地表示了样品燃烧引起的升温数值。

在某些情况下，量热计的绝热性能良好，热漏很小，而搅拌器功率较大，不断引进的能量使得曲线不出现极高温度点，如图 3-1-1(b) 所示。校正方法相似。

对苯甲酸和萘燃烧用雷诺法校正温度后，由 ΔT 计算体系的热容和萘的恒容燃烧热 Q_V，并计算其恒压燃烧热 Q_p；再用公式法计算体系的热容和萘的恒容燃烧热 Q_V，并计算其恒压燃烧热 Q_p。分别比较测定结果的相对误差。

【注意事项】

1. 试样在氧弹中燃烧产生的压力可达14MPa。因此在使用后应将氧弹内部擦干净，以免引起弹壁腐蚀，减小其强度。

2. 氧弹、量热容器、搅拌器在使用完毕后，应用干布擦去水迹，保持表面清洁、干燥。

3. 内筒中加2500mL水后若有气泡逸出，说明氧弹漏气，应设法排除故障。

4. 搅拌时不得有明显的摩擦声。

5. 测定样品萘时，内筒水要重新更换且需调温。

6. 氧气遇油脂会发生爆炸。因此氧气减压器、氧弹以及氧气通过的各个零部件、各连接部分均不允许有任何油污，更不允许使用润滑油。若实验中发现油垢，应用乙醚或其他有机溶剂将其清洗干净。

7. 坩埚在每次使用后，必须清洗和除去碳化物，并用纱布清除黏着的污点。

【思考题】

1. 搅拌太慢或太快有何影响？

2. 实验中哪些因素容易造成误差？最大误差是哪种？提高本实验的准确度应该从哪方面考虑？

3. 说明恒容热和恒压热的关系。

实验 3-2　溶解热的测定

【实验目的】

1. 掌握采用电热补偿法测定热效应的基本原理。

2. 用电热补偿法测定硝酸钾在水中的积分溶解热，并用作图法求出硝酸钾在水中的微分溶解热、积分稀释热和微分稀释热。

3. 掌握溶解热测定仪器的使用。

【实验原理】

物质溶解过程中所产生的热效应称为溶解热，可分为积分溶解热和微分溶解热两种。积分溶解热是指定温定压下把1mol溶质溶解在物质的量为 n_0 的溶剂中时所产生的热效应。由于在溶解过程中溶液浓度不断改变，因此又称为变浓溶解热，以 $\Delta_{sol}H$ 表示。微分溶解热是指在定温定压下把1mol溶质溶解在无限量某一定浓度溶液中所产生的热效应，在溶解过程中浓度可视为不变，因此又称为定浓溶解热，以 $\left(\frac{\partial \Delta_{\rm sol} H}{\partial n}\right)_{T,p,n_0}$ 表示，即定温、定压、定溶剂状态下，由微小的溶质增量所引起的热量变化。

稀释热是指溶剂添加到溶液中，在溶液稀释过程中的热效应，又称为冲淡热。它也有积分（变浓）稀释热和微分（定浓）稀释热两种。积分稀释热是指在定温定压下把含1mol溶质和物质的量为 n_{01} 的溶剂的溶液冲淡到含物质的量为 n_{02} 的溶剂的过程中所产生的热效应，它为两浓度的积分溶解热之差。微分稀释热是指将1mol溶剂加到某一浓度的无限量溶液中所产生的热效应，以 $\left(\frac{\partial \Delta_{\rm sol} H}{\partial n_0}\right)_{T,p,n}$ 表示，即定温、定压、定溶质状态下，由微小的溶剂增量所引起的热量变化。

积分溶解热的大小与浓度有关，但不具有线性关系。通过实验测定，可绘制出一条积分溶解热 $\Delta_{\rm sol} H$ 与相对于1mol溶质的溶剂的物质的量为 n_0 之间的关系曲线，如图3-2-1所示，其他三种热效应由 $\Delta_{\rm sol} H$-n_0 曲线求得。

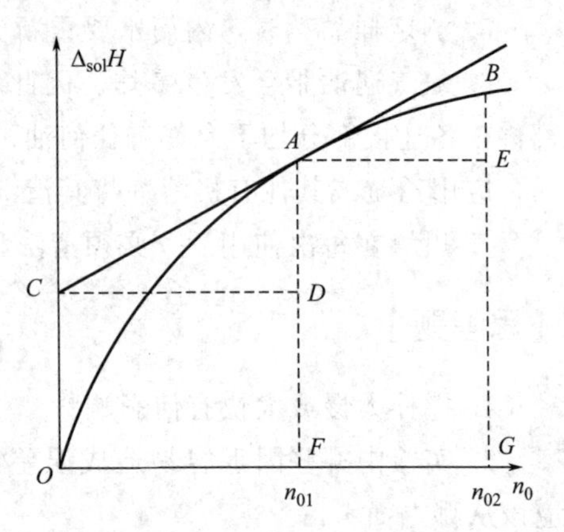

图3-2-1 $\Delta_{\rm sol} H$-n_0 曲线

设纯溶剂、纯溶质的摩尔焓分别为 $H_{\rm m1}$ 和 $H_{\rm m2}$，溶液中溶剂和溶质的偏摩尔焓分别为 H_1 和 H_2，对于由物质的量为 n_1 的溶剂和物质的量为 n_2 的溶质组成的体系，在溶质和溶剂未混合前，体系总焓为：

$$H = n_1 H_{\rm m1} + n_2 H_{\rm m2} \tag{3-2-1}$$

将溶剂和溶质混合后，体系的总焓为：

$$H' = n_1 H_1 + n_2 H_2 \tag{3-2-2}$$

因此，溶解过程的热效应为：

$$\Delta H = n_1(H_1 - H_{\rm m1}) + n_2(H_2 - H_{\rm m2}) = n_1 \Delta H_1 + n_2 \Delta H_2 \tag{3-2-3}$$

在无限量溶液中加入1mol溶质，式(3-2-3)中第一项可以认为不变，在此条件下所产生的热效应为式(3-2-3)中第二项中的 ΔH_2，即微分溶解热。同理，在无限量溶液中加入1mol溶剂，式(3-2-3)中第二项可以认为不变，在此条件下所产生的热效应为式(3-2-3)中第一项中的 ΔH_1，即微分稀释热。

根据积分溶解热的定义，有：

$$\Delta_{\rm sol} H = \frac{\Delta H}{n_2} \tag{3-2-4}$$

将式(3-2-3)代入，可得：

$$\Delta_{sol}H=\frac{n_1}{n_2}\Delta H_1+\Delta H_2=n_{01}\Delta H_1+\Delta H_2 \quad (3\text{-}2\text{-}5)$$

此式表明，在 $\Delta_{sol}H$-n_0 曲线上，对一个指定的 n_{01}，其微分稀释热为曲线在该点切线的斜率，即图 3-2-1 中的 AD/CD。n_{01} 处的微分溶解热为该切线在纵坐标上的截距，即图 3-2-1 中的 OC。

在含有 1mol 溶质的溶液中加入溶剂，使溶剂的物质的量由 n_{01} 增加到 n_{02}，所产生的积分溶解热即为曲线上 n_{01} 和 n_{02} 两点处 $\Delta_{sol}H$ 的差值。

本实验测硝酸钾溶解在水中的溶解热，是一个溶解过程中温度随反应的进行而降低的吸热反应，故采用电热补偿法测定。实验时先测定体系的起始温度，溶解进行后温度不断降低，由电加热法使体系复原至起始温度，根据所耗电能求出溶解过程中的热效应 Q。

$$Q=I^2Rt=IVt(\mathrm{J}) \quad (3\text{-}2\text{-}6)$$

式中，I 为通过加热器电阻丝（电阻为 R）的电流强度，A；V 为电阻丝两端所加的电压，V；t 为通电时间，s。

【仪器与试剂】

1. 仪器

SWC-RJ 一体式溶解热测量装置（图 3-2-2），具体参数为：加热功率 0～12.5W 可调；温度/温差分辨率：0.01℃/0.001℃；计时范围 0～9999s；输出 RS232C 串行口。

称量瓶 8 只，毛刷 1 个，电子天平，台秤。

2. 试剂

硝酸钾固体（AR，已经磨细并烘干）。

【实验步骤】

1. 称样

取 8 个称量瓶，先称空瓶，再依次加入约为 2.5g、1.5g、2.5g、3.0g、3.5g、4.0g、4.0g、4.5g 的硝酸钾（亦可先去皮后直接称取样品），粗称后至电子天平上准确称量，称完后置于保干器中。

在天平上称取 216.2g 蒸馏水于杜瓦瓶内。

称量瓶洗净吹干后，一定要称量空瓶的质量，由于没有保干器，所以称量以后要马上盖上盖子。蒸馏水称量了 216.2g。

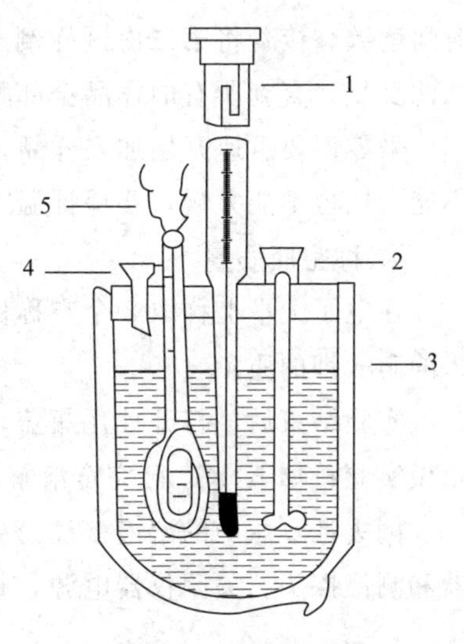

图 3-2-2　量热器示意图

1—贝克曼温度计；2—搅拌器；3—杜瓦瓶；4—加样漏斗；5—加热器

2. 连接装置

如图 3-2-3 所示，连接电源线，打开温差仪，记下当前室温。

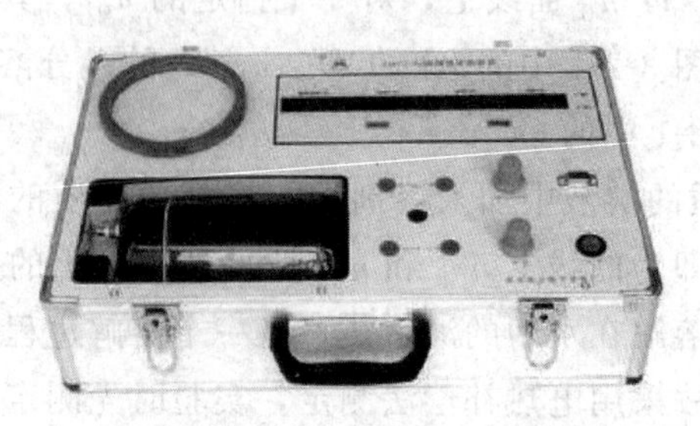

图 3-2-3 溶解热测量装置实物图

将杜瓦瓶置于测量装置中，插入探头测温，打开搅拌器，注意防止搅拌子与测温探头相碰，以免影响搅拌。

将加热器与恒流电源相连，打开恒流电源，调节电流使加热功率为 2.5W，记下电压、电流值。同时观察温差仪测温值，当超过室温约 0.5℃时按下“采零”按钮和“锁定”按钮，并同时按下“计时”按钮开始计时。

注意要放入搅拌子。当显示温度超过室温 0.5℃后，按下“状态转换”按钮，系统自动采零并开始计时，加热功率为 2.30W 左右。

3. 测量

将第一份样品从杜瓦瓶盖口上的加料口倒入杜瓦瓶中，倒在外面的用毛刷刷进杜瓦瓶中。此时，温差仪显示的温差为负值。监视温差仪，当数据过零时记下时间读数。接着将第二份试样倒入杜瓦瓶中，同样再到温差过零时读取时间值。如此反复，直到所有的样品全部测定完。

采零后要迅速开始加入样品，否则升温过快可能温度回不到负值。加热速度不能太快也不能太慢，要保证温差仪的示数在−0.5℃以上。

4. 称空瓶质量

在电子天平上称取 8 个空称量瓶的质量。根据加样前后两次质量之差计算加入的硝酸钾的质量。

实验结束后，打开杜瓦瓶盖，检查硝酸钾是否完全溶解。如未完全溶解，要重做实验；如 KNO_3 已完全溶解，证明实验成功。

倒去杜瓦瓶中的溶液（注意别丢了搅拌子），洗净烘干，用蒸馏水洗涤加热器和测温探头。关闭仪器电源，整理实验桌面，盖上仪器罩。

【数据记录与处理】

室温：________　　大气压力（kPa）：________

1. 数据记录

本实验记录的数据包括水的质量、8 份样品的质量、加热功率以及加入每份样品后温差归零时的累积时间（表 3-2-1）。

表 3-2-1　溶解热测定数据处理

称量瓶编号	空瓶质量/g	KNO_3＋瓶质量/g	剩余瓶重/g	加热功率/W	归零时间/s
1					
2					
3					
4					
5					
6					
7					
8					

2. 将数据输入计算机

计算 $n_水$ 和各次加入的 KNO_3 质量、各次累积加入的 KNO_3 的物质的量。根据功率和时间值计算向杜瓦瓶中累积加入的电能 Q（表 3-2-2）。

表 3-2-2　累计电能 Q 数据处理

称量瓶编号	加入 KNO_3/g	累积 KNO_3/g	累积 n_{KNO_3}/mol	累积电能/kJ
1				
2				
3				
4				
5				
6				
7				
8				

3. 绘制 $\Delta_{sol}H$-n_0 曲线

用以下计算式计算各点的 $\Delta_{sol}H$ 和 n_0，填入表 3-2-3 中。

$$\Delta_{sol}H=\frac{Q}{n_{KNO_3}} \tag{3-2-7}$$

$$n_0=\frac{n_0'}{n_{KNO_3}} \tag{3-2-8}$$

表 3-2-3　$\Delta_{sol}H$-n_0 曲线数据表

瓶号	1	2	3	4	5	6	7	8
$\Delta_{sol}H/(kJ/mol)$								
n_0/mol								

在 Origin 中绘制 $\Delta_{sol}H$-n_0 关系曲线，并对曲线拟合得曲线方程。

4. 积分溶解热、积分稀释热、微分溶解热、微分稀释热的求算

将 n_0/mol＝80、100、200、300、400 代入上述拟合的曲线方程，求出溶液在这几点处的积分溶解热（表 3-2-4）。

表 3-2-4　积分溶解热值表

n_0/mol	80	100	200	300	400
$\Delta_{sol}H/(kJ/mol)$					

将所得曲线方程对 n_0 求导，将上述几个 n_0 值代入所得的导函数，求出这几个点上的切线斜率，即为溶液 n_0 在这几点处的微分稀释热，并记录于表 3-2-5 中。

表 3-2-5　微分稀释热值表

n_0/mol	80	100	200	300	400
微分稀释热/(kJ/mol)					

利用一元函数的点斜式公式求截距，可得溶液在这几点处的微分溶解热（表 3-2-6）。

表 3-2-6　微分溶解热值表

n_0/mol	80	100	200	300	400
微分溶解热/(kJ/mol)					

最后，计算溶液 n_0/mol 为 80→100、100→200、200→300、300→400 时的积分稀释热（表 3-2-7）。

表 3-2-7　积分稀释热值表

n_0/mol	80→100	100→200	200→300	300→400
积分稀释热/(kJ/mol)				

【注意事项】

1. 实验开始前，插入测温探头时，要注意探头插入的深度，防止搅拌子和

测温探头相碰，影响搅拌。另外，实验前要测试转子的转速，以便在实验时选择适当的转速控制挡位。

2. 进行硝酸钾样品的称量时，称量瓶要编号并按顺序放置，以免次序错乱而导致数据错误。另外，固体 KNO_3 易吸水，称量和加样动作应迅速。

3. 本实验应确保样品完全溶解，因此，在进行硝酸钾固体的称量时，应选择粉末状的硝酸钾。

4. 实验过程中要控制好加样品的速度，速度过快会影响硝酸钾的溶解，速度过慢，会导致加热过快并可能会造成环境和体系有过多的热量交换。

5. 实验是连续进行的，一旦开始加热就必须把所有的测量步骤做完，测量过程中不能关掉各仪器的电源，也不能停止计时，以免温差零点变动及计时错误。

6. 实验结束后应检查杜瓦瓶中是否有硝酸钾固体残余，若硝酸钾未全部溶解，则要重做实验。

【实验讨论】

1. 固体 KNO_3 易吸水，故称量和加样动作应迅速。实验书中要求固体 KNO_3 在实验前务必研磨成粉状，并在110℃烘干，而在实验中并没有将样品进行烘干，只是盖上了盖子，故会带来误差。但考虑到实验时气候干燥，故此影响不大。

2. 为了使 KNO_3 固体在加入杜瓦瓶时不撒出来，可以在加料口处加一个称量纸卷成的漏斗。但是这样操作会使一些药品聚集在纸漏斗口处，所以每次加完药品都要抖一抖称量纸，使样品全部进入杜瓦瓶。

3. 加入样品速度过快会使磁子陷住而使样品溶解不完全；加入速度慢则会使体系与环境有较多的热交换，而且可能使温差回不到零点。所以加样过程中应该先快后慢，即加入硝酸钾时应该快速倒入，使其温差迅速回到负值，然后再慢慢加入。搅拌速率也要适宜，太快可能使 KNO_3 固体溶解不完全；太慢会因水的传热性差而导致 Q 值偏低。

4. KNO_3 固体是否溶解完全是本实验的最大影响因素。除了上面几个因素之外，还要保证使用的 KNO_3 固体是粉末状的。

5. 之所以温度零点设定在高于室温0.5℃是为了体系在实验过程中能更接近绝热条件，减小热损耗。所以在加入 KNO_3 固体时，应慢慢加入尽量保证温差显示在−0.5℃左右。但是不可能保证系统与环境完全没有热交换，这也是实验的误差原因之一。

6. KNO_3 固体的溶解过程是一个吸热过程，所以积分溶解热都大于0。而高浓度溶液向低浓度稀释也可以看作是一个溶解过程，所以积分溶解热随 n_0 变大而增大，故积分稀释热大于0，微分溶解热也大于0。当n_0变大时，微小的溶质增量引起的热效应越来越小，故微分溶解热也越来越小，但同时积分溶解热变大，故微分稀释热也变大。

7. 对于溶解过程放热的反应，可以借鉴燃烧焓的测定实验，先测定量热系统的热容C，再根据反应过程中温度变化ΔT与C之乘积求出热效应。

实验 3-3 溶液偏摩尔体积的测定

【实验目的】

1. 理解偏摩尔量的物理意义，掌握用比重瓶测定溶液密度的方法。
2. 理解摩尔体积-摩尔分数图与比体积-质量分数图之间的关系
3. 测定指定组成的乙醇-水溶液中各组分的偏摩尔体积。

【实验原理】

在多组分体系中，某组分i的偏摩尔体积定义为

$$V_{i,\mathrm{m}}=\left(\frac{\partial V}{\partial n_i}\right)_{T,p,n_j(i\neq j)} \tag{3-3-1}$$

若是二组分体系，则有

$$V_{1,\mathrm{m}}=\left(\frac{\partial V}{\partial n_1}\right)_{T,p,n_2} \tag{3-3-2}$$

$$V_{2,\mathrm{m}}=\left(\frac{\partial V}{\partial n_2}\right)_{T,p,n_1} \tag{3-3-3}$$

体系总体积

$$V=n_1V_{1,\mathrm{m}}+n_2V_{2,\mathrm{m}} \tag{3-3-4}$$

将上式两边同时除以溶液质量W，则

$$\frac{V}{m}=\frac{m_1}{M_1}\times\frac{V_{1,\mathrm{m}}}{m}+\frac{m_2}{M_2}\times\frac{V_{2,\mathrm{m}}}{m} \tag{3-3-5}$$

令
$$\frac{V}{m}=\alpha,\ \frac{V_{1,\mathrm{m}}}{M_1}=\alpha_1,\ \frac{V_{2,\mathrm{m}}}{M_2}=\alpha_2 \tag{3-3-6}$$

式中，α是溶液的比体积；α_1、α_2分别为组分1、2的偏质量体积。将式(3-3-6)代入式(3-3-5)可得：

$$\alpha=W_1\alpha_1+W_2\alpha_2=(1-W_2)\alpha_1+W_2\alpha_2 \tag{3-3-7}$$

将式(3-3-7)对W_2微分：

$$\frac{\partial \alpha}{\partial W_2} = -\alpha_1 + \alpha_2，即\ \alpha_2 = \alpha_1 + \frac{\partial \alpha}{\partial W_2} \tag{3-3-8}$$

将式(3-3-8) 代回式(3-3-7)，整理得

$$\alpha_1 = \alpha - W_2 \frac{\partial \alpha}{\partial W_1} \tag{3-3-9}$$

和

$$\alpha_2 = \alpha + W_1 \frac{\partial \alpha}{\partial W_2} \tag{3-3-10}$$

所以，实验求出不同浓度溶液的比体积 α，作 α-W_2 关系图，得曲线 CC'（图 3-3-1）。如欲求 M 浓度溶液中各组分的偏摩尔体积，可在 M 点作切线，此切线在两边的截距 AB 和 $A'B'$ 即为 α_1 和 α_2，再由关系式(3-3-6) 就可求出 $V_{1,m}$ 和 $V_{2,m}$。

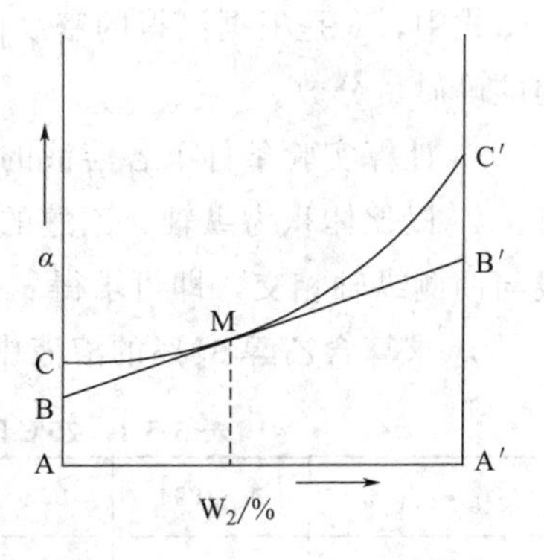

图 3-3-1 比体积-质量分数关系

【仪器与试剂】

1. 仪器

恒温设备 1 套；电子天平（公用）；比重瓶（10mL）2 个；工业天平（公用）；磨口三角瓶（50mL）4 个。

2. 试剂

95%乙醇（分析纯），纯水。

【实验步骤】

调节恒温槽温度为 (25.0±0.1)℃。

以 95%乙醇（A）及纯水（B）为原液，用工业天平称重，在磨口三角瓶中配制 A 质量分数为 0%、20%、40%、60%、80%、100%的乙醇水溶液，每份溶液的总体积控制在 40mL 左右。配好后盖紧塞子，以防挥发。摇匀后测定每份溶液的密度，其方法如下：

用电子天平精确称量两个预先洗净烘干的比重瓶，然后盛满纯水（注意不得存留气泡）置于恒温槽中恒温 10min。用滤纸迅速擦去毛细管膨胀出来的水。取出比重瓶，擦干外壁，迅速称重。

同法测定每份乙醇水溶液的密度。恒温过程应密切注意毛细管出口液面，如因挥发液滴消失，可滴加少许被测溶液。

【数据记录与处理】

1. 根据 25℃时水的密度和称重结果，求出比重瓶的容积。

2. 根据表 3-3-1 数据，计算所配溶液乙醇的准确质量分数。

$$W_{乙醇}=\frac{W_A}{W_A+W_B}y$$

式中，y 是根据测得的密度值，查表 3-3-1 得的 95%乙醇（即 A）中纯乙醇的准确质量分数。

3. 计算实验条件下各溶液的比体积。

4. 以比体积为纵轴、乙醇的质量分数为横轴作曲线，并在 30%乙醇处作切线与两侧纵轴相交，即可求得 α_1 和 α_2。

5. 求算含乙醇 30%的溶液中各组分的偏摩尔体积及 100g 该溶液的总体积。

表 3-3-1 25℃时乙醇密度与质量分数之间的关系

ρ/g·cm^{-3}	0.81094	0.80823	0.80549	0.80272	0.79991	0.79706
乙醇质量分数/%	91.00	92.00	93.00	94.00	95.00	96.00

注：1. 也可用无水乙醇配制不同浓度的乙醇水溶液，根据称量结果直接确定其浓度。

2. 本表源自苏联化学手册，Ⅲ：419。

【注意事项】

1. 实际仅需配制四份溶液，可用移液管加液，但乙醇含量根据称重算得。

2. 为减少挥发误差，动作要敏捷。每份溶液用两比重瓶进行平行测定或每份样品重复测定两次，结果取其平均值。

3. 拿比重瓶时应手持其颈部。

【思考题】

1. 使用比重瓶应注意哪些问题？

2. 如何使用比重瓶测量粒状固体物的密度？

3. 为提高溶液密度测量的精度，可作哪些改进？

附录 比重瓶法测定密度

比重瓶如图 3-3-2 所示，可用于测定液体和固体的密度。

1. 液体密度的测定

① 将比重瓶洗净、干燥，称量空瓶重 W_0。

② 取下毛细管塞 B，将已知密度 ρ_1（t℃）的液体注满比重瓶。轻轻塞上塞 B，让瓶内液体经由塞 B 毛细管溢出，注意瓶内不得留有气泡，将比重瓶置于 t℃的恒温槽中，使水面浸没瓶颈。

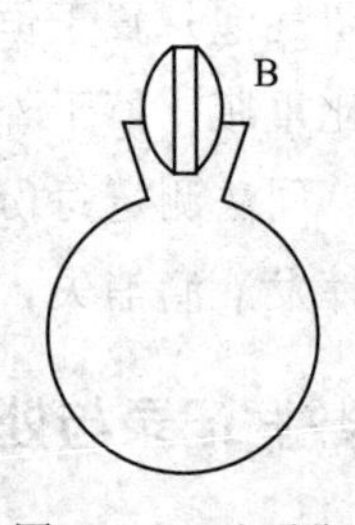

图 3-3-2 比重瓶

③ 恒温 10min 后，用滤纸迅速吸去塞 B 毛细管口溢出的液体。将比重瓶从恒温槽中取出（注意只可用手拿瓶颈处）。用吸水纸擦干瓶外壁后称其总质量为 W_1。

④ 用待测液冲洗净比重瓶后（如果待测液与水不互溶，则用乙醇洗两次后，再用乙醚洗一次，然后吹干），注满待测液。重复步骤②和③的操作，称得总质量为 W_2。

⑤ 根据以下公式计算待测液的密度 ρ（t℃）

$$\rho(t℃)=\frac{W_2-W_0}{W_1-W_0}\rho_1(t℃)$$

2. 固体密度的测定

① 将比重瓶洗净干燥，称量空瓶重 W_0。

② 注入已知密度 $\rho_1(t℃)$ 的液体（注意该液体应不溶解待测固体，但能够浸润它）。

③ 将比重瓶置于恒温槽中恒温 10min，用滤纸吸去塞 B 毛细管口溢出的液体。取出比重瓶擦干外壁，称重为 W_1。

④ 倒去液体将瓶吹干，装入一定量研细的待测固体（装入量视瓶大小而定），称重为 W_2。

⑤ 先向瓶中注入部分已知密度为 $\rho_1(t℃)$ 的液体，将瓶敞口放入真空干燥器内，用真空泵抽气约 10min，将吸附在固体表面的空气全部除去。然后向瓶中注满液体，塞上塞 B。同步骤③恒温 10min 后称重为 W_3。

⑥ 根据以下公式计算待测固体的密度 $\rho_s(t℃)$。

$$\rho_s(t℃)=\frac{W_2-W_0}{(W_1-W_0)-(W_3-W_2)}\rho_1(t℃)$$

实验 3-4　液体饱和蒸气压的测定

【实验目的】

1. 了解纯液体的饱和蒸气压与温度的关系，理解 Clausius-Clapeyron 方程的意义。

2. 掌握静态法测定不同温度下乙醇饱和蒸气压的方法，学会用图解法求被测液体在实验温度范围内的平均摩尔汽化焓。

【实验原理】

饱和蒸气压的定义：在封闭体系中，液体与其蒸气建立动态平衡时（蒸气分子向液面凝结和液体分子从表面逸出的速率相等）液面上的蒸气压力为饱和蒸气压。温度升高，分子运动加剧，单位时间内从液面逸出的分子数增多，所以蒸气压增大。饱和蒸气压与温度的关系服从 Clausius-Clapeyron 方程：

$$\frac{dp}{dT}=\frac{\Delta_{vap}H_m^{\ominus}}{T\Delta V_m} \tag{3-4-1}$$

液体蒸发时要吸收热量，在温度 T 时，1mol 液体蒸发所吸收的热量为该物质的摩尔汽化焓。

沸点的定义：蒸气压等于外压时的温度。显然液体沸点随外压而变，而饱和蒸气压为标准大气压（100kPa）时液体的沸点，称正常沸点。

对包括气相的纯物质两相平衡系统，因 $V_m(g) \gg V_m(l)$，故 $\Delta V_m \approx V_m(g)$。若气体视为理想气体，则 Clausius-Clapeyron 方程为：

$$\frac{dp}{dT}=\frac{p\Delta_{vap}H_m^{\ominus}}{RT^2} \tag{3-4-2}$$

在温度范围比较小时，$\Delta_{vap}H_m^{\ominus}$ 可以近似作为常数，将上式积分得：

$$\ln p=\frac{-\Delta_{vap}H_m^{\ominus}}{RT}+C \tag{3-4-3}$$

作 $\ln p$-$1/T$ 图，得一直线，斜率为 $-\frac{\Delta_{vap}H_m^{\ominus}}{R}$，由斜率可求算液体的 $\Delta_{vap}H_m^{\ominus}$。

饱和蒸气压测定有静态、动态、饱和气三种方法。本实验采用静态法，用等压计在不同温度下测定乙醇的饱和蒸气压。装置图见图 3-4-1。

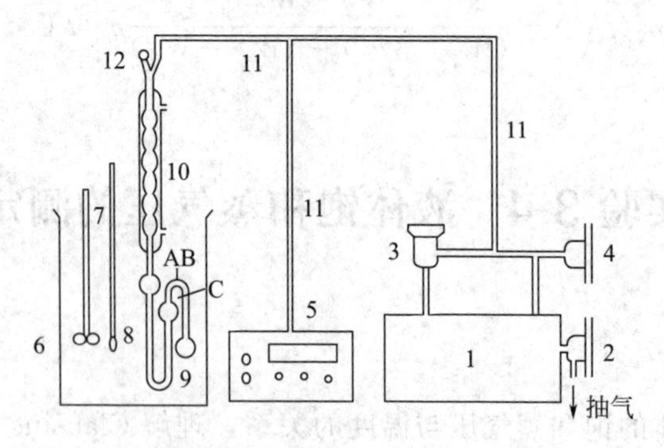

图 3-4-1 蒸气压测定装置

1—不锈钢真空包；2—进气阀；3—真空包抽气阀；4—平衡阀 1；5—DP-A 数字压力表；6—玻璃恒温水浴；7—温度计；8—等压计；9—样品球；10—冷凝管；11—真空橡皮管；12—加样口

被测样装入小球 9 中，以样品作 U 形管封闭液。某温度下若小球液面上方仅有被测物的蒸气，则等压计 U 形管右支液面上所受到的压力就是其蒸气压。

当该压力与U形管左支液面上空气的压力相平衡（U形管两臂液面齐平）时，就可从与等压计相接的压力计测出在此温度下的饱和蒸气压。

【仪器与试剂】

恒温水浴；等压计；数字压力计；真空泵及附件；异丙醇。

【实验步骤】

1. 装样

将平衡管（又称等位计、等压计）内装入适量待测液体异丙醇，约占样品球体积的2/3，U形管两边各1/2体积，然后按图3-4-1装好各部分。（各个接头处用短而厚的橡胶管连接，然后再用石蜡密封好，此步骤实验室已装好）。

2. 压力计采零，系统气密性检查

接通冷凝水，打开平衡阀1和进气阀2，所测压力即为当前大气压，按下压力计面板上的采零键，显示值将为00.00数值（大气压被视为零值看待）。关闭平衡阀1，旋转进气阀使真空泵与缓冲储气泵相通，启动真空泵，使压力表读数为－67～－35kPa，关闭进气阀，停止抽气，观察压力计的示数，如果压力计的示数能在3～5min内维持不变，或显示数字下降值＜0.01kPa/s，则表明系统不漏气，否则应逐段检查，消除漏气原因。（注意：在停止抽气时应先把真空泵与大气相通）

3. 测定

调节恒温槽温度为25℃，开启搅拌器匀速搅拌，其目的是使等压计内外温度平衡，抽气减压气泡逸出的速度以一个一个地逸出为宜，不能成串成串地冲出至液体轻微沸腾，此时AB弯管内的空气不断随蒸气经C管逸出，如此沸腾3～5min，待样品球中的空气被排除完全后，小心开启平衡阀1缓缓通入空气，直至U形等压计两臂的液面等高为止，并关闭平衡阀1，在压力表上读出压力值。重复以上操作一次，当压力表上的读数与前一次相比两者差值应不大于±67Pa，此时即可认为样品球与U形等压计液面上的空间已全部为异丙醇的蒸气所充满。当空气被排除干净，且体系温度恒定后，依次测定30℃、35℃、40℃、45℃、50℃时异丙醇的饱和蒸气压。

4. 实验结束

实验结束后，关闭真空泵，打开进气阀和平衡阀，关闭恒温水浴的开关。

【注意事项】

1. 排净等压计小球上面的空气，使液面上空只含液体的蒸气分子（如果数据偏差在正常误差范围内，可认为空气已排净）。但要注意抽气速度不要过快，

以防止液封液体被抽干。

2. 等压计中有液体的部分必须放置于恒温水浴的液面以下，否则所测液体温度与水浴温度不同。

3. 等压计左右支管中液面调平时，一定要迅速关闭进气阀，严防空气倒灌影响实验的进行。

4. 在体系升温过程中，要及时调节平衡阀 1，以免异丙醇蒸气冲出体系，保证等压计左右支管始终近似相平。

【数据记录与处理】

室温 $t=$______℃　　大气压 $p=$____kPa

1. 实验数据记录于表 3-4-1。

2. 以 $\ln p$ 对 $1/T$ 作图，得直线，由直线的斜率求出 $\Delta_{vap}H_m^\ominus$。

表 3-4-1　乙醇的饱和蒸气压及 ln（p/［p］）和 1/T 数据

编号	温度/℃	表压/kPa	p/kPa	$\ln p$	$\frac{1}{T}$/K^{-1}
1					
2					
3					
4					
5					
6					

【思考题】

1. 如何判断样品球与 U 形等压计间的空气已全部排除？若未能排尽空气，对实验结果有何影响？

2. 在升温过程中，若液体急剧汽化，应如何处理？

3. 在测定第一个温度的饱和蒸气压后，测定其他温度下的饱和蒸气压时，是否需要重新抽气？为什么？

实验 3-5　氨基甲酸铵分解标准平衡常数的测定

【实验目的】

1. 掌握一种测定平衡常数的方法。

2. 用等压法测定氨基甲酸铵的分解压力，并计算反应的标准平衡常数和有关热力学函数。

【实验原理】

氨基甲酸铵是一种白色固体，它是合成尿素的中间体，因此研究其分解反应具有实际应用意义。

氨基甲酸铵自身很不稳定，易于分解，可用下面方程式表示：

$$NH_2COONH_4\text{（固）}\rightleftharpoons 2NH_3\text{（气）}+CO_2\text{（气）}$$

此反应是一个复相反应，正逆反应都很容易进行，若不将产物移去，则反应很容易达到平衡。在实验条件下，我们把反应中的气体均看作理想气体来处理，且压力对固体的影响忽略不计，那么其标准平衡常数可用下式表示：

$$K_p^{\ominus}=\left(\frac{p_{NH_3}}{p^{\ominus}}\right)^2\left(\frac{p_{CO_2}}{p^{\ominus}}\right) \tag{3-5-1}$$

式中，p_{NH_3} 和 p_{CO_2} 分别表示在反应温度下，当分解反应达成平衡时 NH_3 和 CO_2 气体的平衡分压，$p^{\ominus}$为 100kPa。平衡系统的总压 p 则为 p_{NH_3} 和 p_{CO_2} 之和。从上述分解反应我们可知：

$$p_{NH_3}=\frac{2}{3}p,\quad p_{CO_2}=\frac{1}{3}p$$

将其代入式(3-5-1) 可得：

$$K_p^{\ominus}=\left(\frac{2}{3}\times\frac{p}{p^{\ominus}}\right)^2\left(\frac{1}{3}\times\frac{p}{p^{\ominus}}\right)=\frac{4}{27}\left(\frac{p}{p^{\ominus}}\right)^3 \tag{3-5-2}$$

因此，当系统达到平衡后，只要能够测定系统总压 p 即可计算出该反应的标准平衡常数 $K_p^{\ominus}$。氨基甲酸铵的分解过程是一个热效应很大的吸热反应，因此温度对标准平衡常数的影响非常灵敏。但当温度变化范围不大时，可按标准平衡常数与温度的关系式进行处理，即：

$$\ln K_p^{\ominus}=-\frac{\Delta_r H_m^{\ominus}}{RT}+C \tag{3-5-3}$$

式中，$\Delta_r H_m^{\ominus}$ 为该反应的标准摩尔反应热；R 为摩尔气体常数；C 为积分常数。根据式(3-5-3)，我们只要测出几个不同温度下反应系统的总压 p，再以 $\ln K_p^{\ominus}$ 对 $1/T$ 作图可得一条直线，由所得直线的斜率即可求得该温度范围内的 $\Delta_r H_m^{\ominus}$。

利用式(3-5-4) 和式(3-5-5) 热力学关系式还可以计算反应的标准摩尔吉布斯函数变 $\Delta_r G_m^{\ominus}$ 和标准摩尔熵变 $\Delta_r S_m^{\ominus}$：

$$\Delta_r G_m^{\ominus}=-RT\ln K_p^{\ominus} \tag{3-5-4}$$

$$\Delta_r G_m^{\ominus}=\Delta_r H_m^{\ominus}-T\Delta_r S_m^{\ominus} \tag{3-5-5}$$

本实验采用等压法测定氨基甲酸铵的分解压力。实验装置可参看图 3-5-1。

样品瓶 A 和零压计 B 均装在空气恒温箱（水浴）D 中。实验时我们需先将系统抽空（零压计两液面相平），然后关闭活塞 1，让样品在恒温 t 下进行充分的分解，此时零压计右管上方为样品分解产生的气体，系统压力增大，需要通过活塞 2、3 不断放入适量空气于零压计左管上方，使零压计始终保持两边液面相平。待分解反应达到平衡后，从外接的 U 形汞压力计（压力表）测出零压计上方的气体压力，此即为温度 t 下氨基甲酸铵分解的平衡压力。

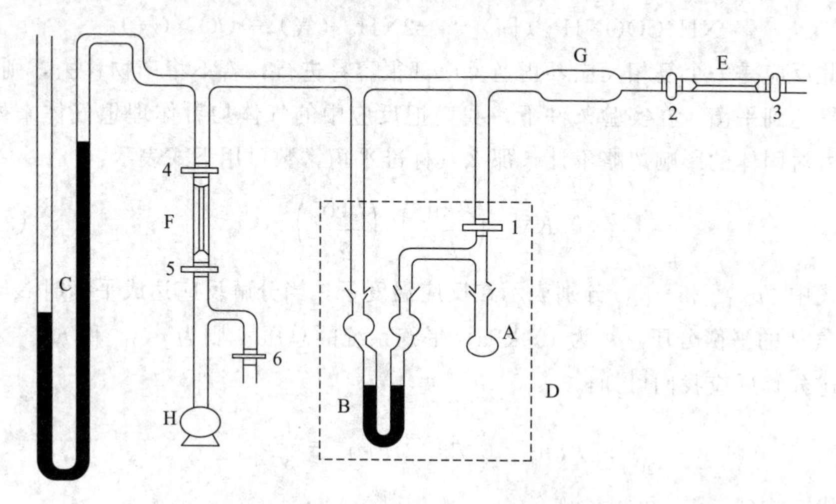

图 3-5-1　等压法测定标准平衡常数装置图

A—样品瓶；B—零压计；C—汞压力计；D—空气恒温箱；E、F—毛细管；G—缓冲管；H—真空泵；1～6—真空活塞

【仪器与试剂】

试剂：氨基甲酸铵（固体粉末）。

仪器：空气恒温箱（水浴），样品瓶，数字压力计，硅油零压计，机械真空泵，活塞等。

【实验步骤】

1. 按照图 3-5-1 的装置图连接好管路，并在样品瓶 A 中装入少量氨基甲酸铵粉末（实验室预先已做好）。

2. 将缓冲罐平衡阀和缓冲罐进气阀完全打开，使系统与大气相通，按下压力表的采零键，使其示数显示为 0。然后将缓冲罐平衡阀 2 关闭，并开动机械真空泵，把系统上方的空气逐步抽出，直至真空。约 3min 后，压力计读数达 −93.5kPa 左右时，关闭进气阀。

3. 调节空气恒温箱（水浴）D 温度为（25.0±0.2)℃。

4. 随着氨基甲酸铵的不断分解，零压计中右管液面逐渐降低，左管液面逐渐升高，即零压计两侧出现了压差。为了消除零压计B中的压差，维持零压状态，此时需打开平衡阀2，向右管添加少许空气，然后关闭平衡阀2，如此反复操作，待零压计左右液面相平且不再随时间而变时，从U形汞压力计（数字压力表）测得平衡压差Δp_t。

注意：

若空气放入过多，造成零压计左管液面低于右管液面时，可打开进气阀，通过真空泵将多余的空气抽走，随后再关闭进气阀。这样可以降低零压计左管上方的压力，直至两边液面相平。

5. 将空气恒温箱（水浴）分别调到27.5℃、30℃、32.5℃、35℃，重复上述实验步骤，从U形汞压力计（数字压力表）测得各温度下系统达平衡后的压差。

6. 实验结束，必须先把胶管与真空泵断开，再关闭真空泵（为什么?），然后再打开平衡阀2和进气阀，使系统不工作时保持与大气相通。

【数据记录与处理】

表3-5-1 氨基甲酸铵分解标准平衡常数数据记录表

温度/℃	压力表读数/kPa	分解压力/kPa	$K_p^\ominus$	$\ln K_p^\ominus$	$1/T/\mathrm{K}^{-1}$

1. 求不同温度下系统的平衡总压p：$p = p_{大气压} + \Delta p_t$。

2. 计算各个分解温度下$K_p^\ominus$和$\Delta_r G_m^\ominus$。

3. 以$\ln K_p^\ominus$对$1/T$作图，由斜率求得$\Delta_r H_m^\ominus$。

4. 计算该反应的$\Delta_r S_m^\ominus$。

【注意事项】

1. 由于NH_2COONH_4本身极易吸水，因此在制备及保存时使用的容器都应保持干燥状态。若NH_2COONH_4吸水，则生成$(NH_4)_2CO_3$和NH_4HCO_3，就会给实验结果带来较大误差。

2. 本实验的装置与测定液体饱和蒸气压的装置很相似，因此本装置也可用来测定液体的饱和蒸气压。

3. 氨基甲酸铵极易受热分解，所以市场上无商品销售，需要在实验前预先制备。具体制备方法如下：在通风柜内将钢瓶中的氨与二氧化碳在常温下同时通入一塑料袋中，经过一定时间后，即可看到在塑料袋内壁上附着的氨基甲酸铵白色结晶。

【思考题】

1. 在本实验中，氨基甲酸铵的分解压是如何测定的？
2. 当空气通入系统时，若通得过多有何现象出现？怎么解决？

实验 3-6　差热法测定 $CaC_2O_4 \cdot H_2O$ 的 DTA 曲线

【实验目的】

1. 用差热仪绘制 $CaC_2O_4 \cdot H_2O$ 等样品的差热图。
2. 了解差热分析仪的工作原理及使用方法。
3. 了解热电偶的测温原理和如何利用热电偶绘制差热图。

【实验原理】

物质在受热或冷却过程中，当达到某一温度时，往往会发生熔化、凝固、晶型转变、分解、化合、吸附、脱附等物理或化学变化，并伴随着焓的改变，因而产生热效应，其表现为物质与环境（样品与参比物）之间有温度差。差热分析(differential thermal analysis，DTA）就是通过温差测量来确定物质的物理化学性质的一种热分析方法。差热分析（DTA）是一种重要的热分析方法，是指在程序控温和一定气氛下，测量试样和参比物（在一定温度范围内不发生热效应的一些惰性物质）的温度差与温度或者时间的关系的一种测试技术。由于试样和参比物之间的温度差主要取决于试样的温度变化，因此就其本质来说，差热分析主要测定焓变并借此了解物质性质。

差热分析仪的结构如图 3-6-1 所示。它包括带有控温装置的加热炉、放置样品和参比物的坩埚、用以盛放坩埚并使其温度均匀的保持器、测温热电偶、差热信号放大器和信号接收系统（记录仪或微机等)。差热图的绘制是通过两支型号相同的热电偶，分别插入样品和参比物中，并将其相同端连接在一起（即并联，见图 3-6-1)。*A*、*B* 两端引入记录笔 1，记录炉温信号。若炉子等速升温，则记录笔 1 记录下一条倾斜直线，如图 3-6-2 中 *MN*；*A*、*C* 端引入记录笔 2，记录差热信号。若样品不发生任何变化，则样品和参比物的温度相同，两支热电偶产生的热电势大小相等，方向相反，所以 $\Delta U_{AC}=0$，记录笔 2 记录下一条垂直直线，如图 3-6-2 中 ab、de、gh 段，是平直的基线。反之，样品发生物理、化学变化时，$\Delta U_{AC}\neq 0$，记录笔 2 发生左右偏移（因热效应正、负而异），记录下差热峰，如图 3-6-2 中 bcd、efg 所示。两支笔记录的时间-温度（温差）图就称为差热图，或称为热谱图。

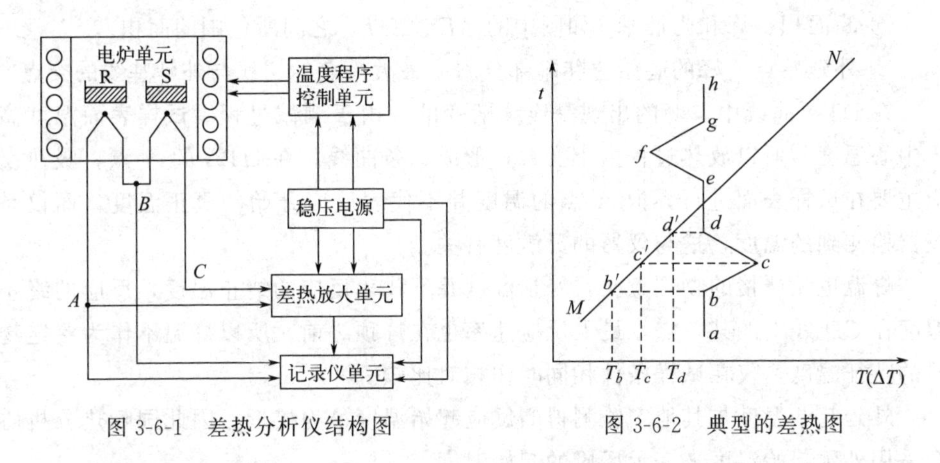

图 3-6-1　差热分析仪结构图　　　　图 3-6-2　典型的差热图

从差热图上可清晰地看到差热峰的数目、位置、方向、宽度、高度、对称性以及峰面积等。峰的数目表示物质发生物理、化学变化的次数；峰的位置表示物质发生变化的转化温度（如图 3-6-2 中 T_b）；峰的方向表明体系发生热效应的正负性；峰面积说明热效应的大小，相同条件下，峰面积大的表示热效应大。在相同的测定条件下，许多物质的热谱图具有特征性：即一定的物质有一定的差热峰的数目、位置、方向、峰温等，所以，可通过与已知热谱图比较来鉴别样品的种类、相变温度、热效应等物理化学性质。

图 3-6-3 中横坐标表示温度（时间），纵坐标表示温度差，向上 ΔT 为正，表示试样放热，向下 ΔT 为负，表示试样吸热。而实际 DTA 曲线复杂得多。

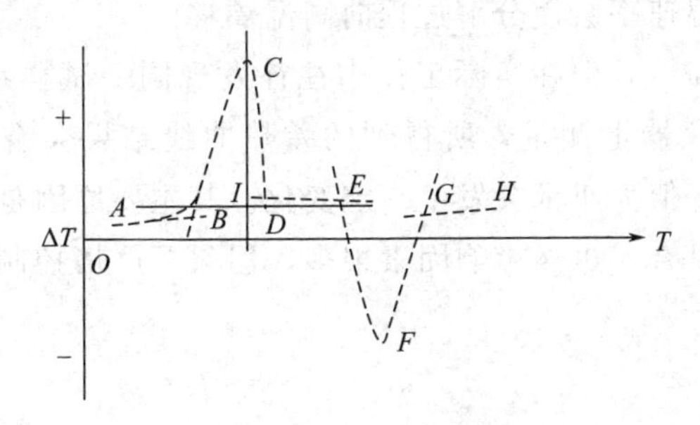

图 3-6-3　DTA 曲线

① 基线：DTA 曲线上 ΔT 近似等于 0 的区段。如图中的 AB、DE、GH。

② 峰：DTA 曲线上离开基线又回到基线上的部分，包括放热峰和吸热峰。如图中的 BCD、EFG。

③ 峰宽：DTA 曲线上偏离基线又返回基线两点间的距离或温度间距。如图中 BD。

④ 峰高：试样与参比物之间的最大温差。如图中的 CI。（CI 垂直于基线）

⑤ 峰面积：峰和内插基（如图中的 AE、EH）之间所包围的面积。

⑥ 外延始点：峰的起始边陡峭部分斜率最大一点的切线与外延基线的交点。

在 DTA 曲线中，峰的出现是连续渐变的。由于测试过程中试样表面温度高于中心温度，所以放热过程由小变大，形成一条曲线。在 DTA 的 A 点，吸热反应主要在试样表面进行，但 A 点的温度并不代表反应开始的真正温度，而仅是仪器检测到的温度，这与仪器的灵敏度有关。

峰温也无严格的物理意义，峰顶温度并不代表反应的终止温度，反应的终止温度在 CD 线上的某一点，最大反应速率也在峰顶之前。所以峰温不作为鉴定物质的特征温度，仅在试样条件相同时作相对比较。

外延起始温度与其他实验测得的反应起始温度最为接近，因此国际热分析协会采用外延起始温度来表示反应的起始温度。

由于参比物的温度作为与试样温度比较的标准，因此差热分析要求参比物在整个测试温度范围内不能发生热效应，同时参比物的比热容、热导率等也应尽可能与试样相近，以免引起测试过程中基线漂移。最常用的参比物是 α-Al_2O_3。

影响 DTA 的因素很多，大体可分为两类：

一类是仪器因素，例如：升温速度、炉子形状、气氛、样品管的材料与形状、热电偶线和结点大小、记录纸走纸速度以及热电偶在试样中的位置等。

另一类是样品因素，包括样品粒度大小、重量、充填密度、稀释程度、热传导、热熔、膨胀和收缩等。其中又以升温速率和试样量对曲线影响最大，一般增加试样量和提高升温速率会使分解过程向高温漂移。

差热分析操作简单，但在实际工作中往往发现同一试样在不同仪器上测量，或不同的人在同一仪器上测量，所得到的差热曲线结果会有差异。峰的最高温度、形状、面积和峰值大小都会发生一定变化。其主要原因是热量与许多因素有关，传热情况比较复杂。虽然影响因素很多，但只要严格控制某些条件，仍可获得较好的重现性。

【仪器与试剂】

仪器：ZCR-Ⅱ差热实验仪，瓷坩埚 2 个，镊子 1 个。

试剂：草酸钙，α-Al_2O_3

【实验步骤】

1. 将一定量的草酸钙研细，并放入干燥器内干燥 24h。

2. 打开差热分析仪和记录仪的电源开关。此时不能开炉。要检查差热表头是否指示 0，输出表头是否指示 0，要预热 30min。

3. 取 10mg 左右草酸钙及 10mg 的 α-Al_2O_3 作参比物，分别放入不同的瓷坩埚中。

4. 安放样品：升起炉子，旋转至右侧，将装好样品的坩埚分别轻轻安装到各自的热偶板上，使坩埚与热偶板平面接触，降下炉子。（注意：降炉子时一定要注意看样品组件是否在炉膛中央！否则可能将样品杆压断。）

5. 记录仪参数选择：纵坐标为 0～600℃，时间坐标为 60min，选择差热量程为±40μV。

6. 接通冷水（切不可忘记通水）。

7. 差热仪器使用：T_O、T_S、T_G 三指示灯中，当只有 T_G 指示灯亮时，参数设置功能才起作用，否则须按“$T_O/T_S/T_G$”键，直至 T_G 指示灯亮。按“功能”键，使需要改变的参数闪烁，调节升温速率为 8℃/min，最高温度为 600℃。设置完毕后按“$T_O/T_S/T_G$”键，三指示灯同时亮，仪器进入升温状态。

8. 点击“开始通信”，实验开始。

9. 实验结束，关闭电源，升起炉子，取出样品。待炉温降至室温时关闭冷却水。

【数据记录与处理】

1. 用 U 盘拷贝结果，打印并贴在实验报告上。

2. 指出吸热峰、放热峰以及所对应的温度，并分析样品此时发生的变化。

附录　影响仪器仪表差热分析的主要因素及差热分析的应用范围

1. 影响因素

(1) 气氛和压力的选择

气氛和压力可以影响样品化学反应和物理变化的平衡温度、峰形。因此，必须根据样品的性质选择适当的气氛和压力，有的样品易氧化，可以通入 N_2、Ne 等惰性气体。

(2) 升温速率的影响和选择

升温速率不仅影响峰温的位置，而且影响峰面积的大小，一般来说，较快的升温速率会使峰面积变大，峰变尖锐。但是快的升温速率使试样分解偏离平衡条件的程度也大，因而易使基线漂移。更主要的可能导致相邻两个峰重叠，分辨力下降。较慢的升温速率，基线漂移小，使体系接近平衡条件，得到宽而浅的峰，也能使相邻两峰更好地分离，因而分辨力高，但测定时间长，需要仪器的灵敏度高。一般情况下选择 10～15℃/min 为宜。

(3) 试样的预处理及用量

试样用量大，易使相邻两峰重叠，降低分辨力。一般尽可能减少用量，最多至毫克。样品的颗粒度在 100～200 目左右，颗粒小可以改善导热条件，但太细可能会破坏样品的结晶度。对易分解产生气体的样品，颗粒应大一些。参比物的颗粒、装填情况及紧密程度应与试样一致，以减少基线的漂移。

(4) 参比物的选择

要获得平稳的基线，参比物的选择很重要。要求参比物在加热或冷却过程中不发生任何变化，在整个升温过程中参比物的比热容、热导率、粒度尽可能与试样一致或相近。

常用三氧化二铝（α-Al_2O_3）或煅烧过的氧化镁或石英砂作参比物。如分析试样为金属，也可以用金属镍粉作参比物。如果试样与参比物的热性质相差很远，则可用稀释试样的方法解决，主要是减小反应剧烈程度；如果试样加热过程中有气体产生，可以避免气体大量出现，以免使试样冲出。选择的稀释剂不能与试样有任何化学反应或催化作用，常用的稀释剂有 SiC、Al_2O_3 等。

(5) 纸速的选择

在相同的实验条件下，同一试样如走纸速度快，则峰的面积大，但峰的形状平坦，误差小；走纸速度小，则峰面积小。因此，要根据不同样品选择适当的走纸速度。现在比较先进的差热分析仪多采用电脑记录，可大大提高记录的精确性。

除上述外还有许多因素，如样品管的材料、大小和形状、热电偶的材质以及热电偶插在试样和参比物中的位置等都是应该考虑的因素。

2. 差热分析的应用范围

凡是在加热（或冷却）过程中，因物理-化学变化而产生吸热或者放热效应的物质，均可以用差热分析法进行鉴定。其主要应用范围如下：

(1) 含水化合物

对于含吸附水、结晶水或者结构水的物质，在加热过程中失水时会发生吸热作用，在差热曲线上形成吸热峰。

(2) 高温下有气体放出的物质

一些化学物质，如碳酸盐、硫酸盐及硫化物等，在加热过程中由于 CO_2、SO_2 等气体的放出，会产生吸热效应，在差热曲线上表现为吸热谷。不同物质放出气体的温度不同，差热曲线的形态也不同，利用这种特征就可以对不同物质进行区分鉴定。

(3) 矿物中含有变价元素

矿物中含有变价元素，在高温下发生氧化反应，由低价元素变为高价元素而放出热量，在差热曲线上表现为放热峰。变价元素不同或在晶格结构中的情况不同，则因氧化而产生放热效应的温度也不同。如 Fe^{2+} 在 340～450℃变成 Fe^{3+}。

(4) 非晶态物质的重结晶

有些非晶态物质在加热过程中伴随有重结晶现象的发生，放出热量，在差热曲线上形成放热峰。此外，如果物质在加热过程中晶格结构被破坏，变为非晶态物质后发生晶格重构，也会形成放热峰。

(5) 晶型转变

有些物质在加热过程中由于晶型转变而吸收热量，在差热曲线上形成吸热谷，因而适合对金属或者合金、一些无机矿物进行分析鉴定。

第二部分　电化学实验

实验 3-7　电动势与温度关系的测定

【实验目的】

1. 了解可逆电池、可逆电极、盐桥等电化学概念，掌握电位差计的工作原理和使用方法。

2. 掌握用电动势法测定化学反应热力学函数的原理和方法。

3. 测定电池在不同温度下的电动势值，并计算电池反应的热力学函数。

【实验原理】

电池是由正、负两个电极组成的。电池在放电过程中，正极发生还原反应，负极发生氧化反应，电池内部还可能发生其他过程（如发生离子迁移）。电池反应是电池中所有反应的总和。从化学热力学的角度，我们可以得到，在恒温恒压可逆条件下，电池反应的吉布斯自由能的改变值等于其对外所做的最大非体积功，而如果非体积功只有电功一种，则有如下公式：

$$\Delta_r G_{T,p} = -zFE \tag{3-7-1}$$

式中，z 为电池输出元电荷的物质的量，mol；E 为可逆电池的电动势，V；F 为法拉第常数。

上式只有在恒温恒压可逆条件下才能成立，这就首先要求电池反应本身必须是可逆的，即要求电池的电极反应是可逆的，且不存在任何不可逆的液接界。另外，电池还必须在可逆的情况下进行工作，即放电和充电过程必须发生在无限接近平衡的状态下，因此通过整个电路的电流必须十分微小。

化学反应的热效应可以直接用量热计进行测量，也可以用电化学方法来测量。将化学反应设计成可逆电池，在一定条件下，电池的电动势可以准确测得。因此，电化学方法所得数据较热化学方法所得数据更可靠、更精确。

利用对消法可以测定电池的电动势 E，即可计算出相应的电池反应的自由能改变值 $\Delta_r G_{T,p}$，可以通过可逆电池电动势测定的电化学方法来解决热力学问题。

根据吉布斯-亥姆霍兹公式：$\left(\frac{\partial\left(\frac{\Delta G}{T}\right)}{\partial T}\right)_p = \frac{\Delta H}{T^2}$

$$\Delta_r G - \Delta_r H = T\left(\frac{\partial \Delta_r G}{\partial T}\right)_p \quad (3\text{-}7\text{-}2)$$

将式(3-7-1) 代入式(3-7-2)，可得：

$$\Delta_r H = -zFE + zFT\left(\frac{\partial E}{\partial T}\right)_p \quad (3\text{-}7\text{-}3)$$

由于 $\Delta_r G = \Delta_r H - T\Delta_r S$

将式(3-7-2) 代入式(3-7-3)，得：

$$\Delta_r S = zF\left(\frac{\partial E}{\partial T}\right)_p \quad (3\text{-}7\text{-}4)$$

因此，将化学反应设计成一个可逆电池，在恒定温度和压力下，测量电池的电动势，代入式(3-7-1)，即可得到该恒定温度下的反应吉布斯自由能改变值。如果连续测定各个温度下该可逆电池的电动势，将电池的电动势对温度作图，由此曲线的斜率可以计算出任一温度下的 $\left(\frac{\partial E}{\partial T}\right)_p$ 值，将此值代入式(3-7-3) 和式(3-7-4)，即可求得该反应在一定温度下的热力学函数 $\Delta_r H$ 和 $\Delta_r S$。

本实验化学反应式为：

$$Zn + 2Fe(CN)_6^{3-}(0.1mol/L) = 2Fe(CN)_6^{4-}(0.1mol/L) + Zn^{2+}(1.0mol/L)$$

为了求出此反应的各个热力学函数，可将该反应设计成如下的可逆电池：

$$Zn|Zn^{2+}(1.0mol/L) \| Fe(CN)_6^{3-}(0.1mol/L), Fe(CN)_6^{4-}(0.1mol/L)|Pt$$

电池电动势不能直接用伏特计来测量，因为伏特计与电池接通后，必须有适量的电流通过才能使伏特计有示数显示，而此时电池已是不可逆电池。另外电池本身也有其内阻，伏特计测量的是两电极间的电位降，而测量可逆电池的电动势必须在几乎没有电流通过的情况下进行。所以测定电动势常用波根多夫(Poggendoff) 对消法来进行。

将电池加盐桥，用以消除电池的液体接界电势，可以近似地当作可逆电池来处理。所谓盐桥，它是由一种正负离子迁移数比较接近的盐类所构成的桥，用来连接原来产生显著液接界电势的两种液体，从而使其彼此不直接接界。常用的盐桥是 3%洋菜（琼脂）—饱和 KCl 盐桥，也可用 NH_4NO_3 或 KNO_3 盐桥。

这样，根据不同温度下的电动势数据，就可以计算出该反应的各种热力学函数。

【仪器与试剂】

仪器：电位差计，玻璃恒温水浴 1 台，Zn 棒 1 支，Pt 电极 1 个，盐桥 1 套，移液管 3 个，玻璃管（电导池）2 个。

试剂：0.2mol/mL $K_3Fe(CN)_6$ 溶液，0.2mol/mL $K_4Fe(CN)_6$ 溶液，1.0mol/L $ZnCl_2$ 溶液

【实验步骤】

1. 电极处理

① Zn 电极：用细砂纸把 Zn 电极擦亮，并用蒸馏水洗净擦干。

② Pt 电极：用蒸馏水洗净擦干。

2. 电池的组装

① 取两个电解池，放置于电池支架上，用乳胶管将电解池和盐桥连接，构成 U 形管。移取 1.0mol/L $ZnCl_2$ 溶液 20mL 注入其中一个电解池；移取 0.2mol/mL $K_3Fe(CN)_6$ 溶液 10mL 和 0.2mol/mL $K_4Fe(CN)_6$ 溶液 10mL 注入另一个电解池。

② 将 Zn 电极插入 $ZnCl_2$ 溶液一侧，Pt 电极插入 $K_3Fe(CN)_6$ 和 $K_4Fe(CN)_6$ 溶液一侧。

3. 连接线路

将支架放入玻璃恒温水浴中，调节水浴温度为 25℃。用玻璃棒搅拌电解池内溶液后，迅速连接好测试线路，Zn 接负极，Pt 接正极（图 3-7-1）。

4. 电位差计的校正

① 将所有旋钮置于“0”处，补偿旋钮左旋至底。

② 将“测量选择”旋钮置于“内标”处，将 10^0 旋钮置于“1”处。

③ 待“检零指示”数值稳定后，按下“采零”键，此时“检零指示”为“0000”。

④ 将“测量选择”旋钮置于“测量”处，10^0 旋钮置于“0”处。

5. 电动势的测量

开动水浴，恒温 15min 后进行测量。

① 调节 10^0～10^{-4} 旋钮，使“检零指示”显示为负数且绝对值最小。

② 调节补偿旋钮，使“检零指示”为“0000”，此时“电位显示”数值为被测电动势数值，记录两次数据。

注意：

切不可大力旋转旋钮，防止仪器损坏。

6. 测量其他温度下的电动势

以相同方法测量 30℃、35℃、40℃、45℃、50℃的电池电动势，分别记录两次数据（表 3-7-1）。

注意：

在每一个温度的电动势测量结束后，$10^0 \sim 10^{-4}$ 旋钮置于“0”处，补偿旋钮左旋至底，方可进行下一个温度的测试。

7. 实验结束

将 $10^0 \sim 10^{-4}$ 旋钮置于“0”处，补偿旋钮左旋至底，关闭电源；将盐桥重新放入溶液中浸泡，洗净电解池。

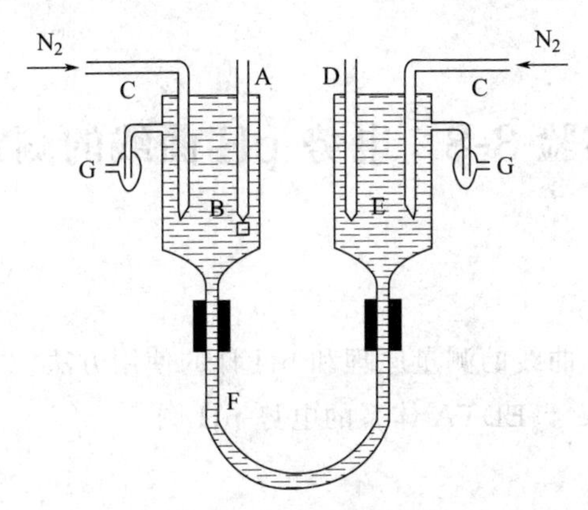

图 3-7-1 电池装置图

A—Pt 电极；B—$K_3Fe(CN)_6 + K_4Fe(CN)_6$ 溶液；C—导气管；D—锌电极；
E—$ZnCl_2$ 溶液；F—盐桥；G—液封

【数据记录与处理】

表 3-7-1 数据记录与处理表

T/K	E_1/V	E_2/V	$\left(\frac{\partial E}{\partial T}\right)_p$ /V/K	$\Delta_r G_m$ /(kJ/mol)	$\Delta_r H_m$ /(kJ/mol)	$\Delta_r S_m$ /J/(K·mol)
298						
303						
308						
313						
318						
323						

1. 将所测得的不同温度下的电动势 E 与热力学温度 T 作图，并由图上的曲线斜率求取不同温度下的电动势的温度系数 $\left(\frac{\partial E}{\partial T}\right)_p$。

2. 将不同温度下的电动势 E 和电动势的温度系数 $\left(\frac{\partial E}{\partial T}\right)_p$ 的数值代入公式，计算在 25℃、30℃、35℃、40℃、45℃、50℃时的 $\Delta_r G$、$\Delta_r S$ 和 $\Delta_r H$ 的数值。

【思考题】

1. 测定电动势要用对消法，对消法的工作原理是什么？
2. 电位差计的“检零指示”始终要调节为零，若不为零说明什么问题？

实验 3-8　电势-pH 曲线的测定

【实验目的】

1. 掌握电势-pH 曲线的测量原理和 pH 计的使用方法。
2. 测定 Fe^{3+}/Fe^{2+}-EDTA 体系的电势-pH 图。

【实验原理】

标准电极电势的概念被广泛应用于解释氧化还原体系之间的反应。但是很多氧化还原反应的发生都与溶液的 pH 值有关，此时，电极电势不仅随溶液的浓度和离子强度变化，还随溶液 pH 值而变化。对于这样的体系，有必要考察其电极电势与 pH 值的变化关系，从而能够得到一个比较完整、清晰的认识。在一定浓度的溶液中，改变其酸碱度，同时测定电极电势和溶液的 pH 值，然后以电极电势 φ 对 pH 作图，就制作出体系的电势-pH 曲线，称为电势-pH 图。

根据能斯特（Nernst）公式，溶液的平衡电极电势与溶液的浓度关系为

$$\begin{aligned}\varphi &= \varphi^\ominus + \frac{2.303RT}{zF}\lg\frac{a_{ox}}{a_{re}} \\ &= \varphi^\ominus + \frac{2.303RT}{zF}\lg\frac{c_{ox}}{c_{re}} + \frac{2.303RT}{zF}\lg\frac{\gamma_{ox}}{\gamma_{re}}\end{aligned} \tag{3-8-1}$$

式中，a_{ox}、c_{ox} 和 γ_{ox} 分别为氧化态的活度、浓度和活度系数；a_{re}、c_{re} 和 γ_{re} 分别为还原态的活度、浓度和活度系数。在恒温及溶液离子强度保持定值时，式中的末项 $\frac{2.303RT}{zF}\lg\frac{\gamma_{ox}}{\gamma_{re}}$ 亦为一常数，用 b 表示之，则

$$\varphi = (\varphi^\ominus + b) + \frac{2.303RT}{zF}\lg\frac{c_{ox}}{c_{re}} \tag{3-8-2}$$

显然，在一定温度下，体系的电极电势与溶液中氧化态和还原态浓度比值的对数

成线性关系。

本实验所讨论的是 Fe^{3+}/Fe^{2+}-EDTA 配合物体系。以 Y^{4-} 代表 EDTA 酸根离子 $(CH_2)_2N_2(CH_2COO)_4^{4-}$，体系的基本电极反应为

$$FeY^- + e^- = FeY^{2-}$$

则其电极电势为

$$\varphi = (\varphi^\ominus + b) + \frac{2.303RT}{F} \lg \frac{c_{FeY^-}}{c_{FeY^{2-}}} \tag{3-8-3}$$

由于 FeY^- 和 FeY^{2-} 这两个配合物都很稳定，其 $\lg K_{稳}$ 分别为 25.1 和 14.32，因此，在 EDTA 过量情况下，所生成的配合物的浓度近似等于配制溶液时的铁离子浓度，即

$$c_{FeY^-} = c^0_{Fe^{3+}}$$

$$c_{FeY^{2-}} = c^0_{Fe^{2+}}$$

这里 $c^0_{Fe^{3+}}$ 和 $c^0_{Fe^{2+}}$ 分别代表 Fe^{3+} 和 Fe^{2+} 的配制浓度。所以式(3-8-3) 变成

$$\varphi = (\varphi^\ominus + b) + \frac{2.303RT}{F} \lg \frac{c^0_{Fe^{3+}}}{c^0_{Fe^{2+}}} \tag{3-8-4}$$

由上式可知，Fe^{3+}/Fe^{2+}-EDTA 配合物体系的电极电势随溶液中$\frac{c^0_{Fe^{3+}}}{c^0_{Fe^{2+}}}$比值变化，而与溶液的 pH 值无关。对具有一定$\frac{c^0_{Fe^{3+}}}{c^0_{Fe^{2+}}}$比值的溶液而言，其电势-pH 曲线应表现为水平线。

但 Fe^{3+} 和 Fe^{2+} 除能与 EDTA 在一定 pH 范围内生成 FeY^- 和 FeY^{2-} 外，在低 pH 时，Fe^{2+} 还能与 EDTA 生成 $FeHY^-$ 型的含氢配合物；在高 pH 时，Fe^{3+} 则能与 EDTA 生成 $Fe(OH)Y^{2-}$ 型的羟基配合物。在低 pH 时的基本电极反应为

$$FeY^- + H^+ + e^- \longrightarrow FeHY^-$$

则

$$\begin{aligned} \varphi &= (\varphi_1^\ominus + b') + \frac{2.303RT}{F} \lg \frac{c_{FeY^-}}{c_{FeHY^-}} - \frac{2.303RT}{F} pH \\ &= (\varphi_1^\ominus + b') + \frac{2.303RT}{F} \lg \frac{c^0_{Fe^{3+}}}{c^0_{Fe^{2+}}} - \frac{2.303RT}{F} pH \end{aligned} \tag{3-8-5}$$

同样，在较高 pH 时，有

$$Fe(OH)Y^{2-} + e^- \longrightarrow FeY^{2-} + OH^-$$

$$\varphi=\left(\varphi_2^{\ominus}+b-\frac{2.303RT}{F}\lg K_W^{\ominus}\right)+\frac{2.303RT}{F}\lg\frac{c_{Fe(OH)Y^{2-}}}{c_{FeY^{2-}}}-\frac{2.303RT}{F}pH$$

$$=\left(\varphi_2^{\ominus}+b''-\frac{2.303RT}{F}\lg K_W^{\ominus}\right)+\frac{2.303RT}{F}\lg\frac{c^0_{Fe^{3+}}}{c^0_{Fe^{2+}}}-\frac{2.303RT}{F}pH \tag{3-8-6}$$

式中，$K_W^{\ominus}$ 为水的离子积。

由式(3-8-5) 及式(3-8-6) 可知，在低 pH 和高 pH 值时，Fe^{3+}/Fe^{2+}-EDTA 配合物体系的电极电势不仅与$\frac{c^0_{Fe^{3+}}}{c^0_{Fe^{2+}}}$比值有关，而且也和溶液的 pH 有关。在$\frac{c^0_{Fe^{3+}}}{c^0_{Fe^{2+}}}$比值不变时，其电势-pH 为线性关系，其斜率为$-2.303RT/F$。

图 3-8-1 是 Fe^{3+}/Fe^{2+}-EDTA 配合物体系（c^0_{EDTA} 均为 $0.15mol\cdot dm^{-3}$）的一组电势-pH 曲线。图中每条曲线都分为三段：中段是水平线，称电势平台区；在低 pH 和高 pH 时则都是斜线。

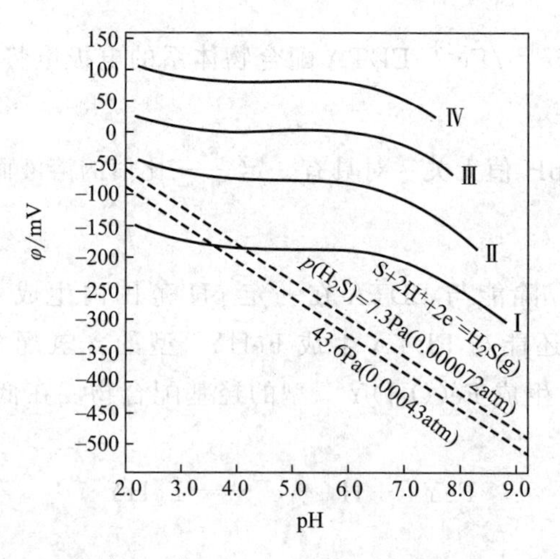

图 3-8-1　Fe^{3+}/Fe^{2+}-EDTA 配合物体系的电势-pH 曲线

图 3-8-1 所标电极电势都是相对于饱和甘汞电极的值。Ⅰ～Ⅳ 4 条曲线对应各组分的浓度如表 3-8-1 所示。

表 3-8-1　Fe^{3+}/Fe^{2+}-EDTA 体系的电势-pH 曲线对应的浓度值

曲线	$c^0_{Fe^{3+}}/(mol/dm^3)$	$c^0_{Fe^{2+}}/(mol/dm^3)$	$c^0_{Fe^{3+}}/c^0_{Fe^{2+}}$
Ⅰ	0	9.9×10^{-2}	
Ⅱ	6.2×10^{-2}	3.1×10^{-2}	2

续表

曲线	$c^0_{Fe^{3+}}$/(mol/dm^3)	$c^0_{Fe^{2+}}$/(mol/dm^3)	$c^0_{Fe^{3+}}/c^0_{Fe^{2+}}$
Ⅲ	9.6×10^{-2}	6.0×10^{-4}	160
Ⅳ	10.0×10^{-2}	0	

天然气中含有 H_2S，它是有害物质。利用 Fe^{3+}-EDTA 溶液可以将天然气中的硫分氧化为元素硫除去，溶液中 Fe^{3+}-EDTA 配合物被还原为 Fe^{2+}-EDTA 配合物；通入空气可使低铁配合物被氧化为 Fe^{3+}-DETA 配合物，使溶液得到再生，不断循环使用。其反应如下：

$$2FeY^- + H_2S \xrightarrow{\text{脱硫}} 2FeY^{2-} + 2H^+ + S\downarrow$$

$$2FeY^{2-} + \frac{1}{2}O_2 + H_2O \xrightarrow{\text{再生}} 2FeY^- + 2OH^-$$

在用 EDTA 配位铁盐法脱除天然气中的硫时，Fe^{3+}/Fe^{2+}-EDTA 配合物体系的电势-pH 曲线可以帮助我们选择较合适的脱硫条件。例如，低含硫天然气 H_2S 含量约为 0.1～0.6g/m^3，在 25℃时相应的 H_2S 分压为 7.3～43.6Pa，根据其电极反应

$$S + 2H^+ + 2e^- = H_2S(g)$$

在 25℃时的电极电势 φ 与 H_2S 的分压 p_{H_2S} 及 pH 的关系为：

$$\varphi = -0.072 - 0.0296\lg(p_{H_2S}/Pa) - 0.0591pH(V) \qquad (3\text{-}8\text{-}7)$$

在图 3-8-1 中以虚线标出这三者的关系。由电势-pH 图可见，对任何一定 $\frac{c^0_{Fe^{3+}}}{c^0_{Fe^{2+}}}$ 比值的脱硫液而言，此脱硫液的电极电势与式(3-8-7) 电势 φ 之差值在电势平台内，随着 pH 的增大而增大，到平台区的 pH 上限时，两电极电势差值最大，超过此 pH 值时，两电极电势差值不再增大。这一事实表明，任何一个一定 $\frac{c^0_{Fe^{3+}}}{c^0_{Fe^{2+}}}$ 比值的脱硫液在它的电势平台区的上限时，脱硫的热力学趋势最大；超过此 pH 后，脱硫趋势保持定值而不再随 pH 增大而增加。由此可知，根据图 3-8-1，从热力学角度看，用 EDTA 配位铁盐法脱除天然气 H_2S 时脱硫液的 pH 选择在 6.5～8 之间或高于 8 都是合理的。

【仪器与试剂】

酸度计（pH 计），数字电压表，铂片电极（或铂丝电极），饱和甘汞电极，复合电极，磁力搅拌器，滴瓶（25mL），碱式滴定管（50mL），量筒（100mL），超级恒温槽，EDTA，$FeCl_3\cdot6H_2O$，$FeCl_2\cdot4H_2O$，HCl 溶液（4mol/dm^3），

NaOH 溶液（$2mol/dm^3$）。

【实验步骤】

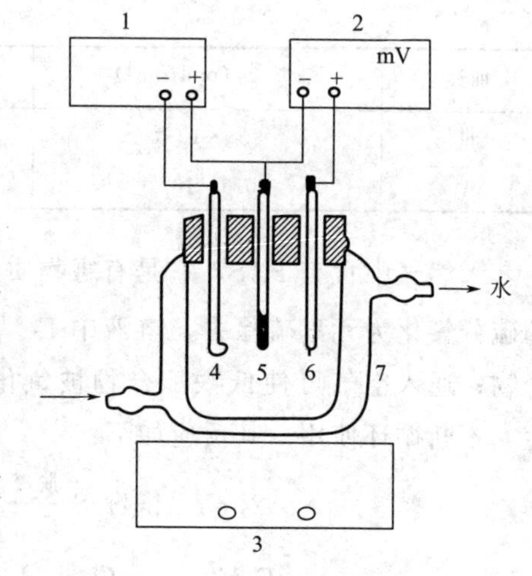

图 3-8-2 电势-pH 测定装置图

1—酸度计；2—数字电压表；3—电磁搅拌器；4—复合电极；5—饱和甘汞电极；6—铂电极；7—反应器

1. 仪器装置

仪器装置如图 3-8-2 所示。复合电极、甘汞电极和铂电极分别插入反应器三个孔内，反应器的夹套通以恒温水。体系的 pH 采用 pH 计测量，体系的电势采用电位差计测量。用电磁搅拌器搅拌。其中复合电极与 pH 计相连测量体系的 pH 值；甘汞电极和铂电极分别与电位差计的正、负极相连以测量体系的电位。

2. 配制溶液

用台秤称取 3.5g EDTA，加 40mL 蒸馏水，加热溶解，最后让 EDTA 溶液冷至 25℃，转移到反应器中。迅速称取 0.86g $FeCl_3 \cdot 6H_2O$ 和 0.59g $FeCl_2 \cdot 4H_2O$，立即转移到反应器中。

3. 电势和 pH 的测定

开动电磁搅拌器，用滴管缓慢滴加 2mol/L 的 NaOH 溶液直至溶液 pH＝8 左右（用量约 28mL），此时溶液为褐红色（注意：加碱时要防止局部生成 $Fe(OH)_3$ 而产生沉淀）。测定其溶液的 φ 和 pH。

4. 测定此时溶液的 pH 值和 φ 值

向溶液中滴入少量 4mol/L 的 HCl，搅拌 0.5min 后，重新测定体系的 pH 及 φ 值。如此反复，每滴加一次 HCl 后（其滴加量以引起 pH 改变 0.3 左右为限），测一个 pH 值和 φ 值，得到该溶液的一系列电极电势和 pH 值，直至溶液变浑浊（pH≈2.3）为止。（由于 Fe^{2+} 易受空气氧化，如有条件最好向反应器中通入 N_2 保护。）

【数据记录与处理】

1. 用表格形式列出所测得的电池电动势 φ 和 pH 值数据，以测得的电池电动势（即相对于饱和甘汞电极的体系电极电势）为纵轴，pH 值为横轴，作出 Fe^{3+}/Fe^{2+}-EDTA 配合物体系的电势-pH 曲线。从所得曲线水平段确定 FeY^- 和 FgY^{2-} 稳定存在的 pH 范围。

2. 25℃时由电极反应：

$$S+2H^+ +2e^- \longrightarrow H_2S(g)$$

得

$$\varphi = (-0.072 - 0.0296\lg(p_{H_2S}/Pa) - 0.0591pH)V$$

将 $\varphi = -0.11V$、$-0.13V$、$-0.15V$ 所对应的 pH 值列表，在同一图上作 φ-pH 直线，求直线与曲线交点的 pH 值，并指出脱硫最合适的 pH 值。

【注意事项】

1. 向反应液中滴加 NaOH 溶液时，滴加速度一定要慢，防止溶液局部产生沉淀，影响实验的进行。

2. 每次测定体系的 φ 和 pH 时，都要搅拌一段时间再测定。

3. 甘汞电极与铂电极组合是测量体系的电位差的，由于体系的电位低于饱和甘汞电极的电位，因此连接时要把饱和甘汞电极连接电位差计的正极，铂电极接负极，而在读数时，则需要在数字前加负号。

【思考题】

1. 写出 Fe^{3+}/Fe^{2+}-EDTA 配合物体系在电势平台区、低 pH 和高 pH 时，体系的基本电极反应及其所对应的 Nernst 公式的具体形式，并指出每项的物理意义。

2. 复合电极有何优缺点？其使用注意事项是什么？

3. 用酸度计和电位差计测电动势的原理各有什么不同？它们的测量精确度各是多少？

实验 3-9　溶胶的制备及电泳

【实验目的】

1. 掌握凝聚法制备氢氧化铁溶胶的方法；

2. 观察溶胶的电泳现象并了解其电学性质。

3. 用电泳法测定胶粒速度和溶胶 ζ 电位。

【实验原理】

溶胶是一种多组分分散体系，其分散介质可以是气体（气溶胶）、固体（固溶胶）和液体。我们所说的溶胶一般是指固体分散在液体中。分散相的胶粒大小在 1～100nm 之间，因此相界面很大，是热力学不稳定体系。胶粒表面带有电荷，是从介质中吸附离子或解离而得到的。溶胶之所以能在一定期间内稳定存在，是因为存在电荷及表面的溶液化层。

溶胶的制备方法有分散法和凝聚法两大类。分散法是使物质的大颗粒变为大小同胶体颗粒，可以通过机械研磨、超声波、溶剂的胶溶作用来实现。凝聚法就是使分子或离子态存在的物质聚合成胶体粒子，可以通过化学反应的方法，使之在溶液中生成胶粒大小的不溶物；或者变换介质、改变条件使原来溶解的物质变为不溶；或者使物质的蒸气凝结成胶体颗粒。例如，制备金属溶胶时，可把金属制成电极，通电产生电弧，金属受高热成为气体，使之在液体中凝聚成为溶胶。所制备的胶粒大小的分布随制备方法和条件及存放时间而不同。

制备的胶体中往往有许多杂质，可通过渗析和电渗的方法使之纯化，就是用半透膜把溶胶和溶剂隔开，胶粒较大不能通过半透膜，离子和小分子能透过半透膜进入溶剂，因此不断更换溶剂可把胶体溶液中的杂质除去。若除去的杂质是离子则用电渗析可提高除杂质的速度。

分散在液相介质中的固体颗粒叫胶核，胶核的表面由于吸附或解离而带某种电荷，其周围的介质中分布着数量相等的相反电荷，构成了双电层结构，使整个溶胶体系保持电中性。胶核与周围的双电层结构一起称为胶团。双电层又可分为两部分，一部分紧密地与胶核吸附在一起，约有1～2个分子层厚，称为紧密层。紧密层与胶核一起称为胶粒。在紧密层以外的部分称为扩散层，扩散层的厚度随外界条件（温度、离子价态、电解质的浓度等）而变化。在电场作用下，胶粒和与紧密层结合的一定数量的溶剂分子一起运动，而扩散层则向相反的方向移动。在电场作用下，这种带电的胶粒朝带相反电荷的电极方向迁移的现象称为电泳。

从吸附层和扩散层的界面到液体内部之间的电位差叫电动电位或ζ电位。ζ电位是表征胶体的重要物理量之一，在研究胶体的性质及其实际应用中有着重要意义。胶体的稳定性与ζ电位有直接关系。ζ电位的绝对值越大，表明胶粒电荷越多，胶粒间排斥力越大，胶体越稳定。当ζ电位为零时胶体的稳定性最差，此时可观察到胶体的聚沉现象。因此无论制备胶体还是破坏胶体都要了解所研究胶体的ζ电位。胶粒在电场中的移动速度除了与测定条件有关外，还与ζ电位有关。

原则上，任何一种胶体的电动现象（电渗、电泳、液流电位、沉降电位）都可用来测定ζ电位，但最方便的是用电泳现象来测定。

电泳法又分为两类，即宏观法和微观法。宏观法是观察溶胶与另一不含胶粒的导电液体的界面在电场中的移动速度。微观法则是直接观察单个胶粒在电场中的移动速度。对高分散的溶胶（如As_2S_3溶胶和Fe_2O_3溶胶）或过浓的溶胶，不易观察个别粒子的运动，只能用宏观法。对于颜色太浅或浓度过稀的溶胶，则适宜用微观法。本实验采用宏观法。

宏观电泳法如图3-9-1所示，测定$Fe(OH)_3$溶胶的电泳就是典型的例子。

电位的数值，可根据亥姆霍兹方程式计算：

$$\zeta = \frac{3.6 \times 10^{10} \pi \eta u}{\varepsilon H}$$

式中，H 是电位梯度，$H = E/L$（V/m）；E 是外加电场的电压，V；L 是两电极间的距离，m；η 是液体的黏度，Pa·s；ε 是液体的介电常数，对水而言，$\varepsilon = 81$；u 是电泳速度（即迁移的速度），m/s。

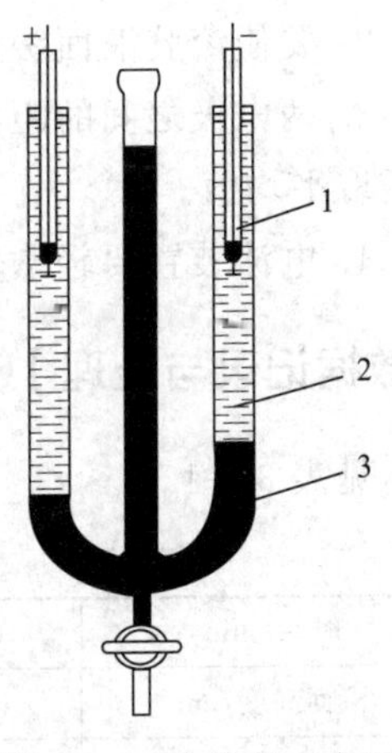

图 3-9-1　电泳仪示意图

1—Pt 电极；2—HCl 溶液；3—溶胶

【仪器与试剂】

仪器：电泳实验仪，Pt 电极 2 个，秒表 1 只，移液管 2 个，变压器，刻度尺。

试剂：$Fe(OH)_3$ 溶胶，HCl 溶液。

【实验步骤】

1. 将电泳装置固定在支架上，旋塞擦净，涂好凡士林，装好后关闭；铂电极用蒸馏水洗净擦干。

2. 从右侧漏斗状入口加入 25mL 渗析过的 $Fe(OH)_3$ 溶胶。

3. 从左侧管口加入 25mL 辅助液（HCl 溶液）。

4. 缓慢打开旋塞，使溶胶进入 U 形管，液面升至 2～3 刻度之间即可关闭旋塞，记录液面位置。

注意：

可用拇指轻轻封住漏斗状入口，以减缓液面上升速度，但用力不可过大，防止装置断裂损坏；液面不可升至过高，以免影响观察。

5. 将电压调节为 40V，记下电压数值。

6. 将两个 Pt 电极分别插入辅助液中，两电极在辅助液中的深度要保持一致；同时按下秒表计时。

7. 用秒表计时，每 10min 记一次单侧液面移动距离（以液面升高一侧，溶胶最前端液面为准）。

8. 单侧液面移动距离大于 2cm 时，实验即可结束。关闭电源，用线量出两电极间的距离（U 形管距离）。

9. 实验结束后，将电泳装置和 Pt 电极洗净，倒置于支架上。

【注意事项】

1. 凡士林的量不要过多，并离孔远些，防止污染电泳液。

2. 要使溶胶液面缓慢上升，若液面搅混，须重新进行实验。

3. 两电极之间的距离是指实际距离即U形管距离，此距离要测量5～6次，最后取平均值。

4. 电泳装置要轻拿轻放，小心清洗，防止损坏。

【数据记录与处理】

见表3-9-1。

表3-9-1 数据记录与处理表

时间/min	0	10	20	30	40	50	60
液面高度/cm							
电泳速度/(m/s)							
电极距离/cm							
电位梯度/(V/m)							

1. 根据实验结果，计算电泳的速度（m/s）及电位梯度H。

2. 由液体的介电常数及黏度计算出胶粒的ζ电位。

3. 判断胶粒带何种电荷。

【思考题】

1. 胶粒电泳速度的快慢与哪些因素有关？

2. 本实验中辅助液HCl的电导率为什么必须与溶胶的电导率相同？

3. 辅助液的作用是什么？选择辅助液有哪些条件？

第三部分　动力学实验

实验 3-10　蔗糖水解反应速率常数的测定

【实验目的】

1. 了解旋光仪的基本原理，掌握其正确的操作技术。

2. 根据物质的光学性质研究蔗糖水解反应，测定其反应速率常数和半衰期。

【实验原理】

1. 蔗糖的转化可看作一级反应

蔗糖在 H^+ 催化作用下水解为葡萄糖和果糖，反应方程式为：

$$\underset{\text{蔗糖}}{C_{12}H_{22}O_{11}} + H_2O \xrightarrow{H^+} \underset{\text{葡萄糖}}{C_6H_{12}O_6} + \underset{\text{果糖}}{C_6H_{12}O_6}$$

此反应的反应速率与蔗糖的浓度、水含量以及催化剂 H^+ 的浓度有关。但在反应过程中，由于水是大量的，可以认为水的浓度基本不变，且 H^+ 是催化剂，其浓度也保持不变，故反应速率只与蔗糖的浓度有关，而反应速率与反应物浓度的一次方成正比的反应称为一级反应，所以蔗糖的转化反应视为一级反应。

(1) 反应速率公式和半衰期

$$r = kc \tag{3-10-1}$$

式中，k 为反应速率常数；r 为反应速率。

r 也可以写为

$$r = \frac{-\mathrm{d}c}{\mathrm{d}t} = kc \tag{3-10-2}$$

式中，t 为反应时间；c 为时间 t 时蔗糖的浓度。

不定积分：

$$\ln c = -kt + C \tag{3-10-3}$$

C 为积分常数，当 $t=0$ 时，$C=\ln c_0$。

c_0 为蔗糖的起始浓度，代入上式可得定积分式

$$k = \frac{1}{t}\ln\frac{c_0}{c} \tag{3-10-4}$$

反应进行一半所用的时间称为半衰期，用 $t_{1/2}$ 表示，则

$$\ln \frac{c_0}{c_0/2} = kt_{1/2} \tag{3-10-5}$$

解得
$$t_{1/2} = \frac{\ln 2}{k} = \frac{0.6932}{k} \tag{3-10-6}$$

(2) 一级反应的三个特点

① k 的数值与浓度无关，量纲为时间$^{-1}$，常用单位 s^{-1}、min^{-1} 等。

② 半衰期与反应物起始浓度无关。

③ 以 $\ln c$ 对 t 作图应得一直线，斜率为$-k$，截距为 C。

由此可用作图法求得直线斜率，进而得到反应速率常数 $k=-$斜率。

2. 反应物质的旋光性

蔗糖及其水解产物葡萄糖、果糖都含有不对称碳原子，它们都具有旋光性，即都能使透过它们的偏振光的振动面旋转一定角度，此角度称为旋光度，以 α 表示。蔗糖、葡萄糖能使偏振光的振动面按顺时针方向旋转，为右旋物质，旋光度为正值。果糖为左旋物质，旋光度为负值，数值较大，所以整个水解混合物是左旋的。因此，可以通过观察系统反应过程中旋光度的变化来衡量反应的进程。测量旋光度的仪器称为旋光仪。

(1) 旋光度与比旋光度

溶液的旋光度与溶液中所含旋光物质的种类、浓度、液层厚度、光源的波长以及反应时的温度等因素有关。

为了比较各种物质的旋光能力，引入比旋光度 $[\alpha]$ 这一概念，并以下式表示：

$$[\alpha]_\lambda^t = \frac{\alpha}{lc} \tag{3-10-7}$$

式中，t 为实验时的温度；λ 为所用光源的波长；α 为旋光度；l 为液层厚度（常以 10cm 为单位）；c 为浓度（常用 100mL 溶液中溶有 m 克物质来表示）。

上式可写成：

$$[\alpha]_\lambda^t = \frac{\alpha}{lm/100} \tag{3-10-8}$$

或

$$\alpha = [\alpha]_\lambda^t lc \tag{3-10-9}$$

由上式可以看出，当其他条件不变时，旋光度 α 与反应物浓度成正比，即 $\alpha = K'c$

式中，K'是与物质的旋光能力、溶液层厚度、溶剂性质、光源的波长、反应时的温度等有关的常数。

蔗糖是右旋物质（比旋光度 $[\alpha_D^{20}]=66.6°$，D 表示钠光灯 D 线），产物中葡萄糖也是右旋物质（比旋光度 $[\alpha_D^{20}]=52.5°$），果糖是左旋物质（比旋光度 $[\alpha_D^{20}]=-91.9°$）。因此当水解反应进行时，右旋角不断减小，当反应终了时体系将经过零变成左旋。

（2）旋光度变化与浓度变化的对应关系

蔗糖水解反应中，反应物与生成物都有旋光性，旋光度与浓度成正比，且溶液的旋光度为各旋光度的和（加和性）。若反应时间为 0、t、∞时溶液旋光度各为 α_0、α_t、α_∞。则

$$\alpha_0=K_{反}c_0,\ \alpha_\infty=K_{生}c_0,\ \alpha_t=K_{反}c+K_{生}(c_0-c)$$

可推导出：$c_0=K(\alpha_0-\alpha_\infty)$，$c=K(\alpha_t-\alpha_\infty)$

式中，α_0 为开始时蔗糖的右旋角；α_t 为反应进行到 t 时混合物的旋角；α_∞ 为水解完毕时的左旋角。可用（$\alpha_0-\alpha_\infty$）代表蔗糖的总量，（$\alpha_t-\alpha_\infty$）代表 t 时的蔗糖量。

3. 反应速率常数 k 的求法

$$k=\frac{1}{t}\ln\frac{c_0}{c}=\frac{1}{t}\ln\frac{K(\alpha_0-\alpha_\infty)}{K(\alpha_t-\alpha_\infty)}=\frac{1}{t}\ln\frac{\alpha_0-\alpha_\infty}{\alpha_t-\alpha_\infty} \tag{3-10-10}$$

以 $\ln(\alpha_t-\alpha_\infty)$ 对 t 作图，由图所得直线斜率即为 k 值，进而求得半衰期 $t_{1/2}$。

【仪器与试剂】

仪器：恒温水浴一套，WZZ-2S 自动旋光仪一台，秒表一只，台秤一台，带塞锥形瓶三个，移液管（25mL）三支，旋光管一支，小烧杯（100mL）一个，容量瓶（100mL）一个，容量瓶（50mL）两个，玻璃棒，胶头滴管。

试剂：蔗糖，3mol/mL 盐酸溶液。

【实验步骤】

1. 配制溶液

① 配制 0.8mol/L 蔗糖溶液 100mL。

在台秤上称取 27.36g 蔗糖于烧杯中，加入 100mL 蒸馏水，加热溶解。

② 配制 0.4mol/L 蔗糖溶液 50mL。

用移液管移取 0.8mol/L 蔗糖溶液 25mL，转移至 50mL 容量瓶中，定容至刻度。

③ 配制 1.5mol/L 盐酸溶液 50mL。

用移液管移取 3mol/L 盐酸溶液 25mL，转移至 50mL 容量瓶中，定容至刻度。

2. 旋光仪零点的校正

① 将仪器电源插头插入 220V 交流电源。

② 打开电源开关，预热钠光灯 5min，使之发光稳定。

③ 打开直流开关（若直流开关扳上后，钠光灯熄灭，则再将直流开关上下重复扳动 1～2 次，使钠光灯在直流下点亮，为正常。）。

④ 准备旋光管。

洗净旋光管各部分零件，向管内注入蒸馏水，取玻璃盖片沿管口轻轻推入盖好，再旋紧套盖（注意：操作时不要用力过猛，以免压碎玻璃片，勿使其漏水或产生气泡，旋光管中若有气泡，应先让气泡浮在凸颈处）。用镜头纸擦净旋光管两端玻璃片，用滤纸擦掉旋光管外的液体。按下旋光仪上的测量键，面板有示数显示，然后把装有蒸馏水的旋光管放入旋光仪中，旋光管安放时应注意标记方向，盖上槽盖。待示数稳定时，按下清零键，使示数显示为 0。

3. 蔗糖水解过程中 α_t 的测定

用 25mL 移液管移取 0.8mol/L 蔗糖溶液 25mL，放入干净的锥形瓶中，再用 25mL 移液管移取 3mol/L 盐酸溶液 25mL 加入蔗糖溶液中。当盐酸加至一半时开始计时，以此作为反应开始的时间。盐酸全加入后将反应液混合均匀，迅速用少量反应溶液荡洗旋光管 2～3 次，然后将反应液加入旋光管内，盖好玻璃片，旋紧套盖（检查是否漏液、有气泡），擦净旋光管两端玻璃片，按相同的方向立刻置于旋光仪中，盖好箱盖。测量 3min、6min、9min、15min、20min、25min、30min 时溶液的旋光度。测定时要迅速准确。

4. α_∞的测定

为了得到反应终了时的旋光度 α_∞，将剩下的反应溶液置于 60℃左右的水浴中温热 30min，以加速水解反应，然后冷却至实验温度，按上述操作测其旋光度，此值即可认为是 α_∞。

5. 改变蔗糖、盐酸浓度，测量 α_t、α_∞

0.4mol/L 蔗糖溶液、3mol/L 盐酸溶液按上述步骤测其 α_t、α_∞。

0.8mol/L 蔗糖溶液，1.5mol/L 盐酸溶液按上述步骤测其 α_t、α_∞。

6. 实验结束

仪器使用完毕，应依次关闭直流、交流电源。应立刻将旋光管洗净、干燥。不干净的将扣实验分。

【注意事项】

1. 在进行蔗糖水解速率常数测定以前，要熟练掌握旋光仪的使用，能正确而迅速地读出其读数。

2. 旋光管管盖只要旋至不漏水即可，旋得过紧会造成损坏，或因玻片受力产生应力而致使有一定的假旋光。注意不要打破或丢失小玻璃片。

3. 加入反应溶液后，若旋光管中有气泡，应先让气泡浮在凸颈处，再放入旋光仪。

4. 加热剩下的反应溶液时，注意水温不能超过70℃。

5. 实验结束后，应将旋光管洗净，防止酸对旋光管腐蚀。

【数据记录与处理】

实验温度：________ HCl浓度：________ 蔗糖浓度：________ α_∞：________

1. 将实验数据填入表3-10-1。

表3-10-1 数据记录与处理表

反应时间/min	α_t	$\alpha_t-\alpha_\infty$	$\ln(\alpha_t-\alpha_\infty)$	k
3				
6				
9				
15				
20				
25				
30				

2. 以$\ln(\alpha_t-\alpha_\infty)$对$t$作图，由图得到直线斜率，求得$k$值。

3. 计算反应的半衰期$t_{1/2}$。

【讨论与说明】

1. 蔗糖水解在酸性介质中进行，H^+为催化剂，故该反应是复杂反应，反应方程式显然不表示此反应的机理，反应并不是因为水的浓度变化可忽略而视为一级。本反应视为一级反应完全是实践得出的结论。

2. 速率常数k与H^+浓度有关，所以酸的浓度必须精确，以保证反应体系中H^+浓度与实验要求的相一致。

3. 温度对速率常数k的影响不容忽视，在测定α_t时，每测完一次，将旋光管置于25℃的恒温水浴中恒温，待下次测量时拿出。

4. 在放置旋光管上的玻璃片时，将玻璃片沿管口轻轻推上盖好，再旋紧套盖，勿使其漏水或产生气泡。

5. 旋光仪使用中，若两次测定中间间隔时间较长，则应切断电源，让灯管休息一会儿，在下次使用前10min再开启。

【思考题】

1. 为什么可用蒸馏水来校正旋光仪的零点？

2. 在旋光度的测量中为什么要对零点进行校正？它对旋光度的精确测量有什么影响？在本实验中若不进行校正对结果是否有影响？

3. 为什么配制蔗糖溶液可用台秤称量？

4. 在混合蔗糖溶液和盐酸时，把盐酸加到蔗糖溶液中去。如果把蔗糖加到盐酸中，是否对实验有影响？为什么？

实验 3-11　乙酸乙酯皂化反应速率常数的测定

【实验目的】

1. 测定皂化反应中电导的变化，计算反应速率常数和活化能。

2. 了解二级反应的特点，学会用图解法求二级反应的速率常数。

3. 熟悉电导率仪的使用。

【实验原理】

乙酸乙酯的皂化反应为二级反应：

$$CH_3COOC_2H_5 + NaOH \longrightarrow CH_3COONa + C_2H_5OH$$

在这个实验中，将 $CH_3COOC_2H_5$ 和 NaOH 采用相同的浓度，设 c_0 为起始浓度，同时设反应时间为 t 时，反应所生成的 CH_3COONa 和 C_2H_5OH 的浓度为 x，那么 $CH_3COOC_2H_5$ 和 NaOH 的浓度为（c_0-x），即

	$CH_3COOC_2H_5$	+ NaOH	═ CH_3COONa	+ C_2H_5OH
$t=0$	c_0	c_0	0	0
$t=t$	c_0-x	c_0-x	x	x
$t\to\infty$	0	0	c_0	c_0

其反应速率的表达式为：

$$\frac{d(c_0-x)}{-dt}=\frac{dx}{dt}=k(c_0-x)(c_0-x) \tag{3-11-1}$$

式中，k 为反应速率常数，将上式积分，可得

$$\frac{1}{c_0-x}-\frac{1}{c_0}=kt \text{ 或 } \frac{x}{c_0(c_0-x)}=kt \tag{3-11-2}$$

乙酸乙酯皂化反应的全部过程是在稀溶液中进行的，可以认为生成的 CH_3COONa 是全部电离的，因此对体系电导值有影响的有 Na^+、OH^- 和 CH_3COO^-，而 Na^+ 在反应过程中浓度保持不变，因此其电导值不发生改变，可以不考虑，而 OH^- 的减少量和 CH_3COO^- 的增加量又恰好相等，又因为 OH^- 的导电能力要大于 CH_3COO^-，所以系统的电导值随着反应的进行是减小的，并且减小的量与 CH_3COO^- 的浓度增加量成正比，设 G_0 为反应开始时体系的电导值，G_∞ 为反应完全结束时体系的电导值，G_t 为反应时间为 t 时体系的电导值，则有

$t=t$ 时，　　　　$x=k'(G_0-G_t)$

$t\to\infty$ 时，　　　　$c_0=k'(G_0-G_\infty)$

式中，k' 为比例系数。

代入动力学方程式得 $c_0kt=\dfrac{k'(G_0-G_t)}{k'[(G_0-G_\infty)-(G_0-G_t)]}=\dfrac{G_0-G_t}{G_t-G_\infty}$

即
$$G_t=G_0+\frac{1}{kc_0}\times\frac{G_0-G_t}{t} \tag{3-11-3}$$

以 G_t 对 $(G_0-G_t)/t$ 作图，得一直线，其斜率为 $1/kc_0$，由此求得 k 值。

实验中若测得两个温度下的速率常数，有公式
$$\ln\frac{k_2}{k_1}=\frac{E_a}{R}\left(\frac{1}{T_1}-\frac{1}{T_2}\right) \tag{3-11-4}$$

由此可求得反应的活化能。

【仪器与试剂】

如图 3-11-1 所示，本实验需恒温水浴一套，电导率仪一台，秒表一只，羊角形电导池一支，试管一只，移液管（10mL）两只，移液管（2mL，带刻度）一只，容量瓶（50mL）一只，容量瓶（1000mL）一只，0.02mol/L NaOH 溶液，乙酸乙酯（AR，分子量 88.11，密度 0.90g/mL）。

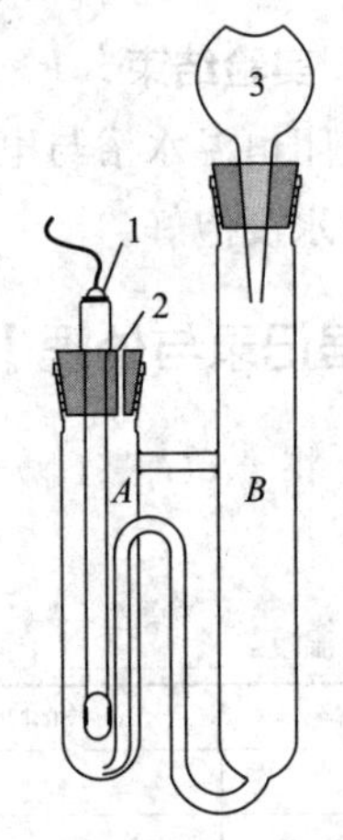

图 3-11-1　实验装置

1—铂黑电极；2—通气孔；3—洗耳球

【实验步骤】

1. 乙酸乙酯的配制

取 50mL 蒸馏水加入 100mL 容量瓶中，加入乙酸乙酯 0.2mL，加水至刻度、摇匀。其浓度为 0.02mol/L。

2. 调节恒温水浴的温度

打开恒温水浴电源，将“测温/设定”按钮按至“设定”位置，观察设定温度是否为30℃（如果不是30℃，调节“温度设置”旋钮，调节温度为30.00℃），然后将“测温/设定”按钮按至“测温”位置即可。

（注意观察水浴中的温度计读数，记录反应温度，减小反应温度的误差）。

3. G_0 的测定

用移液管量取NaOH和蒸馏水各25mL加入100mL锥形瓶中，混合均匀后置于恒温槽中。恒温10min后测电导率 G_0。

测定方法：打开数显电导率仪，将电极插入电导池中进行测量即可。此时电导率仪显示数字就是 G_0 的值。

注意：

电导率仪的电极须用蒸馏水冲洗擦干后方可使用；不可用力擦拭，防止电极上的铂黑脱落。

4. G_t 的测定

将25mL NaOH和25mL乙酸乙酯分别加入电导池中（两种溶液不可混合）。恒温10min后将两种溶液混合，同时用秒表记录反应时间，并在两管中混合3～5次。把电极插入，并在5min、10min、15min、20min、25min、30min分别读取电导率 G_t。

5. 测定40℃下的 G_0、G_t

调节恒温水浴温度为40℃，按照上述步骤测定 G_0、G_t。

6. 实验结束

关闭恒温水浴与电导率仪的电源；洗净电导池；用蒸馏水淋洗电导电极，并用蒸馏水浸泡好。

【数据记录与处理】

1. 将 t、G_t、G_0-G_t 及 $(G_0-G_t)/t$ 等数据列于表3-11-1。

表3-11-1　实验数据处理表

实验温度：______　　气压：______　　G_0：______

t/min	G_t/(mS/cm)	(G_0-G_t)/(mS/cm)	$[(G_0-G_t)/t]$/[mS/(cm·min)]
5			
10			
15			
20			
25			
30			

2. 以 G_t 对 $(G_0-G_t)/t$ 作图，由所得直线斜率求出反应速率常数 k。

3. 求出反应的活化能。

【注意事项】

1. 温度对反应速率及溶液电导值的影响颇为显著，应严格控制反应温度。

2. 电极上的铂黑极易抹去，必须注意保护。

3. 氢氧化钠溶液露置于空气中的时间越短越好，以免其吸收空气中的二氧化碳而浓度改变，因此要随手盖上瓶塞。

4. 乙酸乙酯溶液要实验前配制，因放置过久会自行缓慢水解而影响结果。

【思考题】

1. 若需测定 G_∞ 值，可如何进行？

2. 如何通过实验结果来验证乙酸乙酯皂化反应为二级反应？

实验 3-12 丙酮碘化反应级数的测定

【实验目的】

1. 掌握用孤立法确定反应级数的方法。

2. 测定酸催化下丙酮碘化反应的速率常数。

3. 通过本实验加深对复杂反应特征的理解。

4. 掌握 722S 型分光光度计的基本原理及使用方法。

【实验原理】

大多数化学反应是复杂反应，其中包含了多个基元反应，反应级数是根据实验结果而确定的，并不能通过化学计量方程式简单地利用质量作用定律推得。反应级数的确定是很重要的，不仅可以告诉我们浓度是怎样影响反应速率的，从而通过调整浓度来控制反应速率，而且可以帮助我们推测反应机理，了解反应真实过程。

确定反应级数的方法通常有孤立法（微分法）、半衰期法、积分法，其中孤立法是动力学研究中的常用方法。本实验用孤立法确定丙酮碘化反应级数，从而确定丙酮碘化反应速率方程。

酸催化的丙酮碘化反应是一个复杂反应，初始阶段反应为：

$$CH_3COCH_3 + I_2 \overset{H^+}{\rightleftharpoons} CH_3COCH_2I + I^- + H^+$$

H^+ 是反应的催化剂，因丙酮碘化反应本身有 H^+ 生成，所以，这是一个自催化反应。设反应动力学方程为：

$$-\frac{dc_{I_2}}{dt} = kc_A^x c_{H^+}^y c_{I_2}^z \tag{3-12-1}$$

式中，c_A、c_{H^+}、c_{I_2} 分别为丙酮（A）、盐酸、碘的浓度，mol/L；x、y、z 分别为丙酮、氢离子、碘的反应级数，k 为速率系数。将上式两边取对数得：

$$\lg\left(-\frac{dc_{I_2}}{dt}\right) = \lg k + x\lg c_A + y\lg c_{H^+} + z\lg c_{I_2} \tag{3-12-2}$$

从上式可以看出，反应级数 x、y、z 分别是 $\lg\left(-\frac{dc_{I_2}}{dt}\right)$ 对 $\lg c_A$、$\lg c_{H^+}$、$\lg c_{I_2}$ 的偏微分，如果用图解法，我们可以这样处理：在三种物质中，固定两种物质的浓度，配制第三种物质不同浓度的一系列溶液，以 $\lg\left(-\frac{dc_{I_2}}{dt}\right)$ 对该组分浓度的对数作图，所得斜率即为该物质在此反应中的反应级数。

因碘在可见光区有一个很宽的吸收带。而在此吸收带中盐酸、丙酮、碘化丙酮和碘化钾溶液则没有明显的吸收，所以可采用分光光度法直接观察碘浓度随时间的变化关系。根据朗伯-比尔定律：

$$A = \lg\frac{1}{T} = \lg\frac{I_0}{I} = \varepsilon b c_{I_2}$$

从而有：

$$A = \varepsilon b c_{I_2} \tag{3-12-3}$$

式中，A 为吸光度；T 为透光率；I 和 I_0 分别为某一波长的光线通过待测溶液和空白溶液的光强度；ε 为吸光系数；b 为比色皿厚度。测出反应体系不同时刻的吸光度，作 A-t 图，其斜率为：

$$\frac{dA}{dt} = \varepsilon b\frac{dc_{I_2}}{dt} \text{ 或 } -\frac{dc_{I_2}}{dt} = -\frac{1}{\varepsilon b}\times\frac{dA}{dt} \tag{3-12-4}$$

如已知 ε 和 b（b=1cm），即可算出反应速率。

若反应物 I_2 是少量的，而丙酮和酸对碘是过量的，则反应在碘完全消耗以前，丙酮和酸的浓度可认为基本保持不变，即 $c_A \approx c_{H^+} \gg c_{I_2}$（本实验浓度范围：丙酮浓度为 0.1～0.4mol/L，氢离子浓度为 0.1～0.4mol/L，碘的浓度为 0.0001～0.01mol/L。），实验发现 A-t 图为一条直线，说明反应速率与碘的浓度无关，所以，z=0，同时，可认为反应过程中 c_A 和 c_{H^+} 保持不变，对速率方程(3-12-1)两边积分得：

$$c_{I_{2,1}} - c_{I_{2,2}} = kc_A^x c_{H^+}^y (t_2 - t_1)$$

将 $A=\varepsilon b c_{I_2}$ 代入上式并整理得：

$$k=\left(\frac{A_1-A_2}{t_2-t_1}\right)\times\frac{1}{\varepsilon b}\times\frac{1}{c_A^x c_{H^+}^y}$$ 因 A-t 图为直线，$\frac{A_2-A_1}{t_2-t_1}=\frac{dA}{dt}$，所以

$$k=-\left(\frac{dA}{dt}\right)\times\frac{1}{\varepsilon b}\times\frac{1}{c_A^x c_{H^+}^y} \tag{3-12-5}$$

【仪器与试剂】

722S 型分光光度计 1 台；停表 1 块；恒温槽 1 台；50mL 容量瓶 8 个；5mL、10mL 移液管各 3 支。

丙酮溶液 2.00mol/L；盐酸 2.00mol/L；碘溶液 0.02mol/L（含 2% KI）。

【实验步骤】

1. 调整分光光度计

① 将可见分光光度计波长调到 500nm 处，然后将恒温夹套的进水管接恒温槽的出水管，打开搅拌器进行搅拌，记录下恒温槽的水温。

② 用光径长为 1cm 的比色皿装蒸馏水，调透光率为 100%。

2. 测量

① 测定吸光系数：用 50mL 容量瓶配制 0.001mol/L 碘水溶液，在 25℃恒温水浴中恒温 10min，用少量的碘水溶液洗涤比色皿两次，再注入 0.001mol/L 碘水溶液，测定吸光度 A 值，更换碘水溶液再重复测定两次，取平均值。

② 反应溶液的配制及测定：

a. 不同浓度丙酮的反应溶液：

用移液管分别给 1～4 号 4 只干净的 50mL 容量瓶各注入 0.02mol/L 碘水溶液 5mL、2.00mol/L 盐酸溶液 5mL，再注入适量蒸馏水，置于 25℃恒温水浴中恒温 10min，另取一支移液管分别给 1～4 号 4 只 50mL 容量瓶依次加入已恒温 25℃的 2.00mol/L 丙酮溶液 2.5mL、5.0mL、7.5mL、10mL，加蒸馏水定容，混合均匀，测定不同时间的吸光度 A，每隔 30s 读一个吸光度数据，直到取得 7～10 个数据为止。

b. 不同浓度氢离子的反应溶液：

用移液管分别给 5～8 号 4 只干净的 50mL 容量瓶各注入 0.02mol/L 碘水溶液 5mL，同时依次加入 2.00mol/L HCl 溶液 2.5mL、5.0mL、7.5mL、10mL，再注入适量蒸馏水，置于 25℃恒温水浴中恒温 10min 以后，每个容量瓶依次加入 5mL 2.00mol/L 丙酮溶液，加蒸馏水定容，混合均匀，测定不同时间的吸光度 A，每隔 30s 读一个吸光度数据，直到取得 7～10 个数据为止。

【数据记录与处理】

1. 计算吸光系数

将测定的已知浓度碘溶液的吸光度值，填入表 3-12-1，由式(3-12-3) 计算吸光系数（$\varepsilon=A/bc_{I_2}$）。

表 3-12-1 吸光度测量值（已知碘水溶液浓度）

测量次数	1	2	3	平均值
吸光度 A				

2. 将测得的反应溶液不同时刻的 A 值填入表 3-12-2，画出 A-t 图

表 3-12-2 A 测量值

$c_{H^+}=0.2mol/L$　$c_{I_2}=0.002mol/L$							
$c_A=0.1mol/L$		$c_A=0.2mol/L$		$c_A=0.3mol/L$		$c_A=0.4mol/L$	
t/s	A	t/s	A	t/s	A	t/s	A

3. 由 A-t 图和式(3-12-4) 求出表 3-12-3 中有关数值

表 3-12-3 实验数据记录表

$c_{H^+}=0.20mol/L$　$c_{I_2}=0.002mol/L$				
c_A	$\lg c_A$	dA/dt	$-dc_{I_2}/dt$	$\lg(-dc_{I_2}/dt)$
0.1				
0.2				
0.3				
0.4				

4. 求反应级数

作 $\lg\left(-\dfrac{dc_{I_2}}{dt}\right)$-$\lg c_A$ 和 $\lg\left(-\dfrac{dc_{I_2}}{dt}\right)$-$\lg c_{H^+}$ 图，其斜率分别是丙酮、氢离子的反应级数 x、y。

5. 计算丙酮碘化反应速率常数

根据式(3-12-5) 计算不同浓度反应溶液的 k_i 值，记录于表 3-12-4，然后取 k_i 的平均值作为丙酮碘化反应速率常数 k。

表 3-12-4 计算反应速率常数 k

c_A/(mol/L)	c_{H^+}/(mol/L)	ε	b/cm	dA/dt	k_i
平均值(k)					

【思考题】

1. 本实验中，是将丙酮溶液加到盐酸和碘的混合液中，但没有立即计时，而是当混合物稀释至 50mL，摇匀倒入恒温比色皿测透光率时才开始计时，这样做是否影响实验结果？为什么？

2. 影响本实验结果的主要因素是什么？

3. 本实验中，丙酮碘化反应按几级反应处理，为什么？

【拓展实验】

测定丙酮碘化反应的活化能：测出两个不同温度下的丙酮碘化反应速率系数 k_1、k_2，就可以根据阿伦尼乌斯公式估算反应的活化能 E_a 值。

$$\ln\left(\frac{k_2}{k_1}\right)=\frac{E_a}{R}\left(\frac{1}{T_1}-\frac{1}{T_2}\right)$$

第4章
综合实验部分

实验 4-1　最大泡压法测定溶液的表面张力

【实验目的】

1. 掌握最大泡压法测定表面张力的原理，了解影响表面张力测定的因素。

2. 了解弯曲液面下产生附加压力的本质，熟悉拉普拉斯方程、吉布斯吸附等温式，了解朗缪尔单分子层吸附公式的应用。

3. 测定不同浓度正丁醇溶液的表面张力，计算饱和吸附量，由表面张力的实验数据求正丁醇分子的截面积及吸附层的厚度。

【实验原理】

1. 表面张力的产生

① 在任何两相界面处都存在表面张力。表面张力的方向与界面相切，垂直作用于某一边界，方向指向使表面积缩小的一侧。

② 液体的表面张力与温度有关，温度愈高，表面张力愈小。到达临界温度时，液体与气体不分，表面张力趋近于零。

③ 液体的表面张力与液体的纯度有关。在纯净的液体（溶剂）中如果掺进杂质（溶质），表面张力就会发生变化，其变化的大小取决于溶质的本性和加入量的多少。

④ 由于表面张力的存在，产生很多特殊界面现象。

2. 弯曲液面下的附加压力

① 由于表面张力的作用，弯曲表面下的液体或气体与平面下情况不同，前者受到附加的压力。

② 若液面是水平的，则表面张力也是水平的，平衡时，沿周界的表面张力互相抵消，此时液体表面内外压力相等，且等于表面上的外压力 p_o。

③ 若液面是弯曲的，则平衡时表面张力将产生一合力 p_s，而使弯曲液面下的液体所受实际压力与 p_o 不同。

④ 当液面为凹形时，合力指向液体外部，液面下的液体受到的实际压力为

$$p'=p_o-p_s$$

⑤ 当液面为凸形时，合力指向液体内部，液面下的液体受到的实际压力为

$$p'=p_o+p_s$$

⑥ 这一合力 p_s，即为弯曲表面受到的附加压力，附加压力的方向总是指向曲率中心。

⑦ 附加压力与表面张力的关系用拉普拉斯方程表示：

$$p_{\mathrm{s}}=\frac{2\sigma}{R}$$

式中，σ 为表面张力；R 为弯曲表面的曲率半径。该公式是拉普拉斯方程的特殊式，适用于弯曲表面刚好为半球形的情况。

3. 毛细现象

毛细现象是弯曲液面下具有附加压力的直接结果。假设溶液在毛细管表面完全润湿，且液面为半球形，则由拉普拉斯方程以及毛细管中升高（或降低）的液柱高度所产生的压力 $\Delta p=\rho gh$，通过测量液柱高度即可求出液体的表面张力。这就是毛细管上升法测定溶液表面张力的原理。此方法要求管壁能被液体完全润湿，且液面呈半球形。

4. 最大泡压法测定溶液的表面张力

① 实际上，最大泡压法测定溶液的表面张力是毛细管上升法的一个逆过程。其装置如图 4-1-1 所示，将待测表面张力的液体装于表面张力仪中，使毛细管的端面与液面相切，由于毛细现象液面即沿毛细管上升，打开抽气瓶的活塞缓缓抽气，系统减压，毛细管内液面上受到一个比表面张力仪瓶中液面上（即系统）更大的压力，当此压力差——附加压力（$\Delta p=p_{\text{大气}}-p_{\text{系统}}$）在毛细管端面上产生的作用力稍大于毛细管口液体的表面张力时，气泡就从毛细管口脱出，此附加压力与表面张力成正比，与气泡的曲率半径成反比，其关系式为拉普拉斯公式：

$$\Delta p=\frac{2\sigma}{R}$$

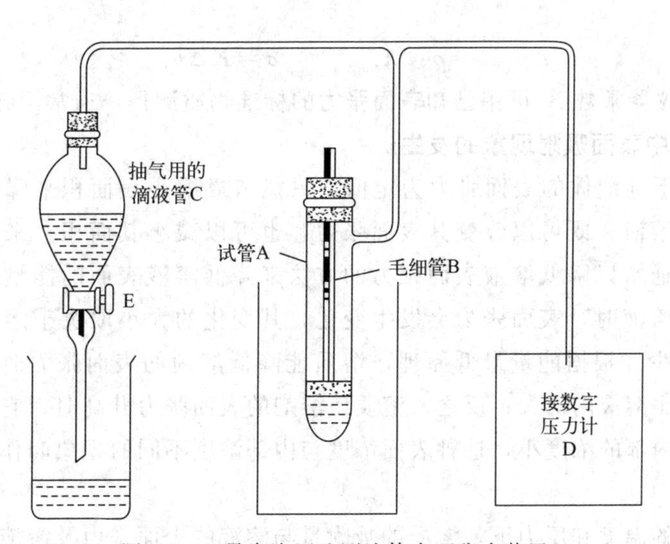

图 4-1-1　最大泡压法测液体表面张力装置

② 如果毛细管半径很小，则形成的气泡基本上是球形的。当气泡开始形成时，表面几乎是平的，这时曲率半径最大；随着气泡的形成，曲率半径逐渐变小，直到形成半球形，这时曲率半径 R 和毛细管半径 r 相等，曲率半径达最小值，

根据拉普拉斯公式，这时附加压力达最大值，气泡形成过程如图 4-1-2 所示。气泡进一步长大，R 变大，附加压力则变小，直到气泡逸出。根据上式，$R=r$ 时的最大附加压力为：

$$\Delta p_{\max}=\frac{2\sigma}{r}\text{或}\sigma=\frac{r}{2}\Delta p_{\max}=\frac{r}{2}\rho g\Delta h_{\max}$$

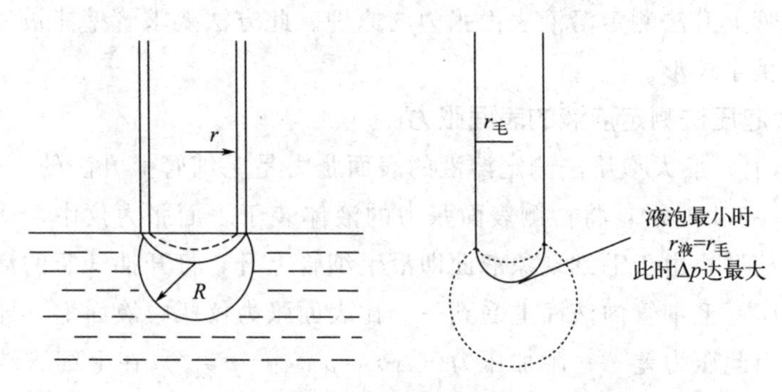

图 4-1-2 气泡形成过程

③ 对于同一套表面张力仪，毛细管半径 r、测压液体密度、重力加速度都为定值，因此为了数据处理方便，将上述因子放在一起，用仪器常数 K 来表示，上式简化为：

$$\Delta p_{\max}=\rho g\Delta h_{\max} \qquad \sigma=K\Delta p_{\max}$$

式中，仪器常数 K 可用已知表面张力的标准物质测得，通常用纯水来标定。

5. 溶液中表面吸附现象的发生

在定温下纯液体的表面张力为定值，只能依靠缩小表面积来降低自身的能量。而对于溶液，既可以改变其表面张力，也可以减小其面积，来降低溶液表面的能量。通常以降低溶液表面张力的方法来降低溶液表面的能量。当加入某种溶质形成溶液时，表面张力会发生变化，其变化的大小取决于溶质的性质和加入量的多少。根据能量最低原理，溶质能降低溶剂的表面张力时，表面层中溶质的浓度比溶液内部大；反之，溶质使溶剂的表面张力升高时，它在表面层中的浓度比在内部的浓度小，这种表面浓度与内部浓度不同的现象叫作溶液的表面吸附。

在指定的温度和压力下，溶质的吸附量与溶液的表面张力及溶液的浓度之间的关系遵循吉布斯（Gibbs）吸附方程：

$$\Gamma=-\frac{c}{RT}\left(\frac{\mathrm{d}\sigma}{\mathrm{d}c}\right)_T$$

式中，Γ 为溶质在表层的吸附量；σ 为表面张力；c 为吸附达到平衡时溶质在溶液中的浓度。

$\Gamma>0$，正吸附，溶液表面张力降低——表面活性物质；

$\Gamma<0$，负吸附，溶液表面张力升高——非表面活性物质。

6. 吸附量的计算

① 当界面上被吸附分子的浓度增大时，它的排列方式在不断改变着，最后，当浓度足够大时，被吸附分子盖住了所有界面的位置，形成饱和吸附层。这样的吸附层是单分子层，随着表面活性物质的分子在界面上愈加紧密排列，此界面的表面张力逐渐减小。浓度达一定值，溶液界面形成饱和单分子层吸附。

② 以表面张力对浓度作图，如图 4-1-3，可得到 σ-c 曲线。开始时 σ 随浓度增加而迅速下降，之后的变化比较缓慢。在 σ-c 曲线上任选一点 a 作切线，得到在该浓度点的斜率，代入吉布斯吸附方程，得到该浓度时的表面超量（吸附量）；同理，可以得到其他浓度下对应的表面吸附量。以不同的浓度对其相应的 Γ 作曲线，$\Gamma=f(c)$ 称为吸附等温线。

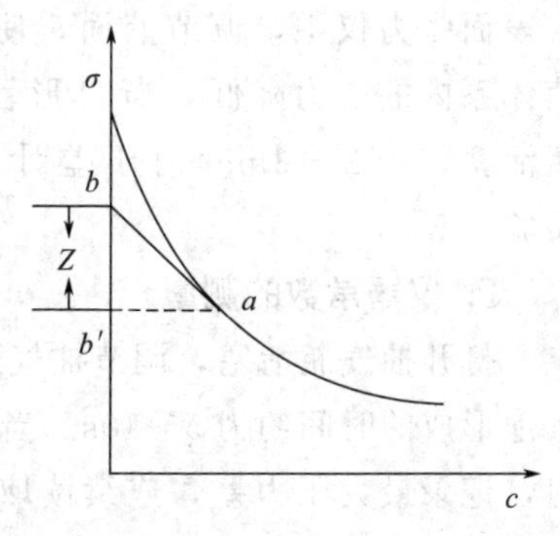

图 4-1-3 表面张力与浓度的关系

7. 被吸附分子截面积计算

① 饱和吸附量 Γ_∞：对于正丁醇的吸附等温线，满足随浓度增加，吸附量开始显著增加，到一定浓度时，吸附量达到饱和，因此可以从吸附等温线得到正丁醇的饱和吸附量 Γ_∞。

② 也可以假定正丁醇在水溶液表面满足单分子层吸附。根据朗谬尔（Langmuir）公式：

$$\Gamma=\Gamma_\infty\frac{kc}{1+kc}$$

式中，Γ_∞ 为饱和吸附量，即表面被吸附物铺满一层分子时的 Γ。

$$\frac{c}{\Gamma}=\frac{kc+1}{k\Gamma_\infty}=\frac{c}{\Gamma_\infty}+\frac{1}{k\Gamma_\infty}$$

以 c/Γ 对 c 作图，得一直线，其斜率为 $1/\Gamma_\infty$。

被吸附分子的截面积：$S_0=1/(\Gamma_\infty N)$（N 为阿伏加德罗常数）。

吸附层厚度：

$$\delta=\frac{\Gamma_\infty M}{\rho}$$

式中，ρ 为溶质的密度，M 为分子量。

【仪器与试剂】

仪器：最大泡压法表面张力仪 1 套；吸耳球 1 个；移液管（50mL，1 支；1mL，1 支）；烧杯（500mL，1 只）；温度计 1 支。

试剂：正丁醇（AR）；蒸馏水。

【实验步骤】

1. 仪器准备与检漏

将表面张力仪容器和毛细管洗净、烘干。在恒温条件下将 10mL 蒸馏水注入表面张力仪中，调节液面，使毛细管口恰好与液面相切。打开抽气瓶活塞，使体系内的压力降低，当 U 形管测压计两端液面出现一定高度差时，关闭抽气瓶活塞，若 2～3min 内压差计的压差不变，则说明体系不漏气，可以进行实验。

2. 仪器常数的测量

打开抽气瓶活塞，调节抽气速度，使气泡由毛细管尖端呈单泡逸出，且每个气泡形成的时间约为 5～10s。当气泡刚脱离管端的一瞬间，压差计显示最大压差时，记录最大压力差，连续读取三次，取其平均值。再由手册中查出实验温度时，水的表面张力 σ，则仪器常数

$$K=\frac{\sigma_{水}}{\Delta p_{\max}}$$

3. 表面张力随溶液浓度变化的测定

在上述体系中，用移液管移入 0.1mL 正丁醇，用吸耳球打气数次，使溶液浓度均匀。然后调节液面，使之与毛细管口相切，打开旋塞，调节水流速度，使气泡由毛细管口呈单个气泡逸出，且每个气泡形成的时间需 10～20s，记录微压差测量仪的最大读数，连续读三次，求平均值。

依次加入 0.1mL、0.1mL、0.1mL、0.1mL 正丁醇，每加一次正丁醇，测得一个最大压力差，得到一系列压力差数据，直至体系饱和为止（即测得的最大压力差不再随正丁醇的加入而变化），随着正丁醇浓度的增加，测得的表面张力几乎不再随浓度发生变化。

【数据记录与处理】

数据记录格式可参考表 4-1-1（计算时注意单位换算）。

温度：________　　水的表面张力：________　　仪器常数 K：________

表 4-1-1　数据记录与处理表（一）

溶液浓度/(mol/L)	压力差 Δp/kPa				σ/(N/m)	$(\mathrm{d}\sigma/\mathrm{d}c)_T$	Z	Γ/(mol/m^2)
	1	2	3	平均值				

1. 计算仪器常数 K 和不同浓度正丁醇溶液的表面张力，绘制 σ-c 等温线

① 仪器常数 K 的计算：

查表得实验温度下水的表面张力 σ，用下式计算

$$K=\frac{\sigma_{水}}{\Delta p_{\max}}$$

② 正丁醇浓度计算：

正丁醇的密度为 0.8098g/cm^3，正丁醇的摩尔质量为 74.12g/mol。

计算公式：

$$c=\frac{\rho V}{MV_{总}}$$

代入数据，计算得出结果，填入表 4-1-2。

表 4-1-2　数据记录与处理表（二）

体积/mL	浓度/(mol/m^3)	表面张力 σ/(10^{-3}N/m)

③ 绘制 σ-c 等温线。

2. 根据吉布斯吸附等温式，求出 Γ 和 c/Γ

根据公式 $\Gamma=-\dfrac{c}{RT}\left(\dfrac{\mathrm{d}\sigma}{\mathrm{d}c}\right)_T$，代入数据得出结果，填入表 4-1-3。

表 4-1-3　数据记录与处理表（三）

浓度/(mol/m^3)	表层吸附量 Γ/($10^{-6}mol/m^2$)	c/Γ/(10^7m^{-1})

3. 绘制等温线，求出 Γ_∞、S_0、d

绘制 Γ-c，(c/Γ)-c 等温线，求饱和吸附量 Γ_∞，并计算正丁醇分子截面积 S_0 和吸附单分子层厚度 d。

饱和吸附量 Γ_∞ 的计算：由原理可知，以 c/Γ 对 c 作图得一直线，该直线的斜率即为 $1/\Gamma_\infty$。

【思考题】

1. 毛细管尖端为何必须调节得恰与液面相切？否则对实验有何影响？

2. 最大泡压法测定表面张力时为什么要读最大压力差？如果气泡逸出得很快，或几个气泡一起出，对实验结果有无影响？

实验 4-2　加速法测定盐酸四环素的有效期

【实验目的】

1. 掌握加速法测定药物有效期的原理及方法。
2. 通过作图法计算化学反应速率常数，并计算药物有效期。
3. 掌握分光光度计的测量原理及应用，熟悉反应速率测定的物理化学方法。

【实验原理】

一些药物的吸光度在反应前后随其浓度变化而发生变化，因此可以通过测量溶液吸光度的变化来间接得到溶液浓度的变化。四环素在酸性溶液中（pH<6），特别是在加热情况下易产生脱水四环素（图 4-2-1）。该脱水反应在一定时间范围内属于一级反应。在生成的脱水四环素分子结构中，由于共轭双键的数目增多，对光的吸收程度较大，在酸性溶液中呈橙黄色，于 445nm 处有最大吸收。其吸光度 A 与脱水四环素的浓度成函数关系。利用这一颜色变化来测定化学反应过程中的浓度变化，进而研究该反应的动力学性质。

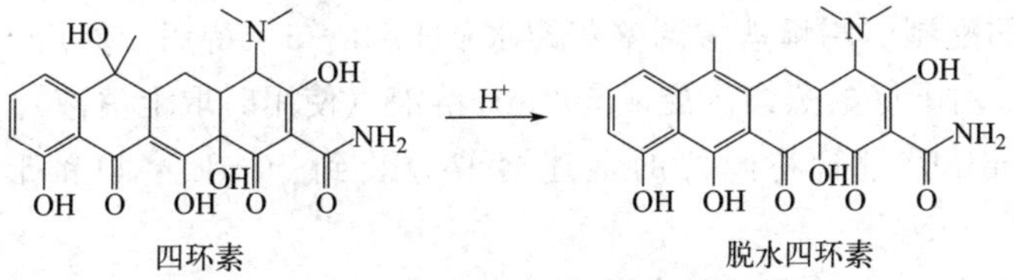

四环素　　$\xrightarrow{H^+}$　　脱水四环素

图 4-2-1　四环素在酸性溶液中生成脱水四环素

按照一级反应动力学方程式：

$$\ln \frac{c_0}{c} = kt \tag{4-2-1}$$

则有：

$$k = \frac{1}{t} \ln \frac{c_0}{c} \tag{4-2-2}$$

式中，c_0 为 $t=0$ 时反应物的浓度；c 为反应到时间 t 时反应物的浓度。设 x 为经过 t 时间反应物消耗掉的浓度，则有 $c=c_0-x$，代入式(4-2-1) 可得：

$$\ln \frac{c_0}{c_0 - x} = kt \tag{4-2-3}$$

在酸性条件下，测定溶液吸光度的变化，用 A_∞ 表示四环素完全脱水变成脱水四环素的吸光度，A_t 表示在时间 t 时部分四环素变成脱水四环素的吸光度。则式(4-2-3) 中可用 A_∞ 代替 c_0，$(A_\infty - A_t)$ 代替 $(c_0 - x)$，即：

$$\ln \frac{A_\infty}{A_\infty - A_t} = kt \tag{4-2-4}$$

根据以上原理，可用分光光度计测定在一定温度下不同时间内该反应体系的吸光度，即可计算该反应的速率常数 k。同理可得不同温度下的速率常数，再根据阿伦尼乌斯公式，用 $\ln k$ 对 $1/T$ 作图，得一直线，将直线外推至 25℃ 即可得到该温度下的反应速率常数 k，根据公式：

$$t_{0.9}=\frac{0.1054}{k_{25℃}} \tag{4-2-5}$$

可计算出四环素在常温下的有效期。

【仪器与试剂】

仪器：恒温水浴，分光光度计，电子天平，秒表，50mL 磨口锥形瓶，吸量管，500mL 容量瓶。

试剂：盐酸四环素，盐酸（分析纯）。

【实验步骤】

1. 溶液的配制。用稀盐酸调整蒸馏水 pH＝4～5，待用。然后，称取盐酸四环素 200mg，用配好的蒸馏水配成 500mL 溶液（使用时取上清液）。

2. 用 15mL 吸量管将配好的上述溶液分装到 50mL 磨口锥形瓶内，塞好瓶口。

3. 调节四个恒温水浴的温度分别为 80℃、85℃、90℃、95℃，每个水浴放入 5 只装有溶液的磨口锥形瓶。在 80℃ 恒温的磨口锥形瓶中，每隔 25min 取 1 只；在 85℃ 恒温的磨口锥形瓶中，每隔 20min 取 1 只；在 90℃、95℃ 恒温的磨口锥形瓶中，每隔 10min 取一只，用冰水迅速冷却，然后在分光光度计上于波长 $\lambda=445$nm 处，测其吸光度 A_t，以配制的原液作空白溶液。

4. 将一只装有原液的锥形瓶放入 100℃ 水浴中，恒温 1h，取出冷却至室温，在分光光度计上于波长 $\lambda=445$nm 处测定 A_∞。

【数据记录与处理】

将数据记录于表 4-2-1 和表 4-2-2 中。作 $\ln k$-$\frac{1}{T}$ 图，得到 25℃ 时的反应速率常数，并计算有效期。

表 4-2-1　不同温度下样品的吸光度

80℃		85℃		90℃		95℃		100℃	
t/min	A_t	t/min	A_t	t/min	A_t	t/min	A_t	t/min	A_∞

表 4-2-2　不同温度下反应的 k 值

T/℃	80	85	90	95
T/K				
$1/T$				
$\ln k$				

【注意事项】

1. 严格控制恒温时间，按时取出样品。取出样品时，要迅速放入冰水中冷却，以终止反应。

2. 测定溶液吸光度时，应注意比色皿由于溶液过冷结雾而影响测定。

3. 注意在恒温过程中要保持温度恒定，在取出锥形瓶冷却时，要先打开瓶盖。

【思考题】

1. 本实验是否要严格控温？为什么？

2. 经过升温处理的样品，在测定前为什么要用冰水迅速冷却？

注意：

分光光度计的操作方法参考丙酮碘化反应级数的测定实验。

实验 4-3　配合物的组成和稳定常数的测定

【实验目的】

1. 了解等摩尔系列法测定配合物组成和稳定常数的原理和方法。

2. 熟悉磺基水杨酸合铁（Ⅲ）配合物的组成特点。

3. 掌握分光光度计的使用方法。

【实验原理】

一些过渡元素的金属离子可以与某些配体形成有特定组成和颜色的配合物。Fe^{3+} 可以与磺基水杨酸（简式为 H_3R）形成稳定的有色配合物，而且控制溶液不同的 pH 值，所形成的配合物的组成和颜色也均不相同。在 pH 值为 9～11 时，可以形成 1∶3 的黄色配合物；在 pH 值为 4～9 之间时，生成红色的 1∶2 配合物；在 pH 为 2～3 之间时，形成 1∶1 的配合物，配合物溶液呈红褐色。

本实验测定 pH＝2～3 时形成的磺基水杨酸合铁（Ⅲ）配离子的组成及其表观稳定常数 $K'_{稳}$。此时，磺基水杨酸与 Fe^{3+} 以 1∶1 配位，反应式如图 4-3-1。

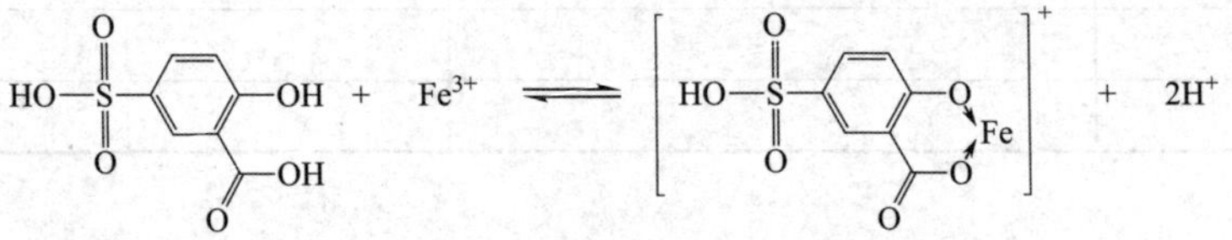

图 4-3-1　Fe^{3+} 与磺基水杨酸形成稳定的有色配合物

根据朗伯-比尔（Lambert-Beer）定律，在一定条件下，有色溶液的吸光度与溶液的浓度和液层厚度成正比。当液层厚度不变时，吸光度只与溶液的浓度成正比。据此，选择一定波长的单色光，采用等摩尔系列法测定一系列不同组分溶液的吸光度，即保持溶液中金属离子浓度 c_M 与配体浓度 c_L 之和不变，改变 c_M 与 c_L 的相对量（中心原子 M 和配体 L 的总物质的量保持不变，而 M 和 L 的摩尔分数连续变化），配制一系列溶液，测定其吸光度。当溶液中配体与金属离子物质的量之比与配合物组成相一致时，配合物的浓度才能最大。在所测溶液中，磺基水杨酸为无色，Fe^{3+} 浓度很稀，近乎无色，对光几乎不吸收，所以配合物的浓度最大时，其吸光度值 A 也最大。以吸光度 A 为纵坐标，配体摩尔分数 x_L 为横坐标绘图（图 4-3-1），配合物的组成 n 就等于最大吸收峰处金属离子与配体摩尔分数之比。

$$n=\frac{x_L}{1-x_L} \tag{4-3-1}$$

式中，x_L 和（$1-x_L$）分别为最大吸收峰处的配体摩尔分数和金属离子摩尔分数。

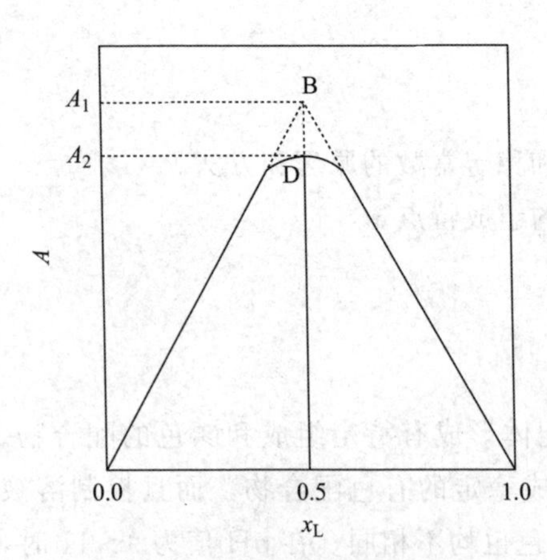

图 4-3-2　吸光度与配体摩尔分数之间的关系

将图 4-3-2 中曲线两侧的直线部分延长并相交于 B 点，可认为是金属离子 M 与配体 L 全部生成配合物 ML_n 时的吸光度（A_1），但由于 ML_n 有部分解离，而实际测得的最大吸光度为 D 处（A_2）。

因此，配合物的离解度 α 为：

$$\alpha=\frac{A_1-A_2}{A_1}\times 100\% \tag{4-3-2}$$

若在书写中忽略电荷，配位平衡为

$$ML_n \rightleftharpoons M+nL$$

起始浓度　c　　0　　0

平衡浓度　$c-c\alpha$　　$c\alpha$　　$nc\alpha$

配合物的表观稳定常数计算公式为：

$$K'_{稳}=\frac{[ML]}{[M][L]}=\frac{1-\alpha}{n^n c^n \alpha^{n+1}} \tag{4-3-3}$$

c 为最大吸光度处 ML_n 的起始浓度，也是组成 ML_n 的金属离子的浓度。

$$当\ n=1\ 时，K'_{稳}=\frac{1-\alpha}{c\alpha^2} \tag{4-3-4}$$

【仪器与试剂】

仪器：分光光度计，容量瓶。

试剂：0.01mol/L $HClO_4$，0.001mol/L 磺基水杨酸，0.01mol/L Fe^{3+}。

【实验步骤】

1. 配制 0.0002mol/L Fe^{3+} 溶液和 0.0002mol/L 磺基水杨酸溶液

准确吸取 0.01mol/L Fe^{3+} 溶液 2.00mL 于 100mL 容量瓶中，用 0.01mol/L $HClO_4$ 溶液稀释至刻度，摇匀备用。同法由 0.001mol/L 磺基水杨酸溶液配制 0.0002mol/L 磺基水杨酸溶液。

2. 配制等摩尔系列溶液

按表 4-3-1 用量分别吸取 0.01mol/L $HClO_4$ 溶液，0.0002mol/L 的 Fe^{3+} 溶液和磺基水杨酸溶液，逐一注入 11 只 50mL 烧杯中，摇匀。

表 4-3-1　等摩尔系列溶液吸光度的测定

溶液编号	1	2	3	4	5	6	7	8	9	10	11
$HClO_4$/mL	10.00	10.00	10.00	10.00	10.00	10.00	10.00	10.00	10.00	10.00	10.00
Fe^{3+}/mL	10.00	9.00	8.00	7.00	6.00	5.00	4.00	3.00	2.00	1.00	0.00
磺基水杨酸/mL	0.00	1.00	2.00	3.00	4.00	5.00	6.00	7.00	8.00	9.00	10.00
配体摩尔分数	0.0	0.1	0.2	0.3	0.4	0.5	0.6	0.7	0.8	0.9	1.0
吸光度											

3. 测定吸光度

在 500nm 波长下分别测定上述溶液的吸光度，将所得数据记录于表 4-3-1。

【数据记录与处理】

以吸光度对磺基水杨酸摩尔分数作图。从所得的等摩尔系列图中找出最大吸收处的配体摩尔分数（x_L）和金属离子摩尔分数（$1-x_L$），由式(4-3-1) 计算得配合物的组成；由式(4-3-2) 计算得配合物的离解度；据式(4-3-3) 计算得配合物的表观稳定常数。

【注意事项】

1. $HClO_4$ 的作用：试验中高氯酸的作用一方面是控制溶液的酸度，另一方面在溶液中 ClO_4^- 对金属离子的配位倾向很小，所以在配合物水溶液的试验中，利用它调节溶液的离子强度，可避免其他阴离子对配位反应的干扰。

2. 本实验测定的是磺基水杨酸合铁（Ⅲ）的表观稳定常数，没有考虑溶液中还存在着 Fe^{3+} 的水解和磺基水杨酸的解离平衡，故与实际 $K_{稳}$ 值有差别。若将所测表观稳定常数 $K'_{稳}$ 加以校正，便可与实际 $K_{稳}$ 值相吻合。校正公式为 $\lg K_{稳}=K'_{稳}+\lg a$，当溶液 pH 值在 2.0 左右时，$\lg a=10.3$。

【思考题】

1. 实验中加入一定量的 $HClO_4$ 溶液，其目的是什么？

2. 为什么溶液中金属离子的摩尔数与配体摩尔数之比恰好与配离子组成相同时，配离子的浓度最大？

3. 使用比色皿时，为什么不能用滤纸擦透光面，而只能用擦镜纸擦？

注意：

分光光度计的操作方法参考丙酮碘化反应级数的测定实验。

实验 4-4　完全互溶双液体系沸点-组成图的绘制

【实验目的】

1. 了解溶液的沸点与气液两相组成的关系；
2. 绘制环己烷-异丙醇溶液的沸点-组成图；
3. 进一步理解分馏原理；
4. 掌握阿贝折光仪的正确使用方法。

【实验原理】

液体的沸点是液体的饱和蒸气压与外压相等时的温度。在一定外压下，单一组分的液体有确定的沸点值，对于一个完全互溶的双液体系，沸点不仅与外压有关，还和液体的组成有关。在常温下，具有挥发性的 A 和 B 两种液体以任意比例相互溶解所组成的物系，在恒定压力下表示该溶液沸点与组成关系的相图称为沸点-组成图，即 T-x 图。完全互溶双液体系在恒压下的沸点-组成图大致可分为以下三类。

第Ⅰ类：溶液沸点介于两纯组分沸点之间，如苯与甲苯的混合体系，其沸点-组成图如图 4-4-1 所示。此类溶液在恒压下蒸馏时，其气相组成和液相组成并不相同，具有较低蒸气压的液体（B）在气相中的组成 $x_B(g)$ 总是小于在液相中的组成 $x_B(l)$，因此可以通过反复蒸馏——精馏，使互溶的两组分完全分离。

第Ⅱ类：溶液具有最高恒沸点，如卤化氢和水、丙酮与氯仿等，其沸点-组成图如图 4-4-2 所示。

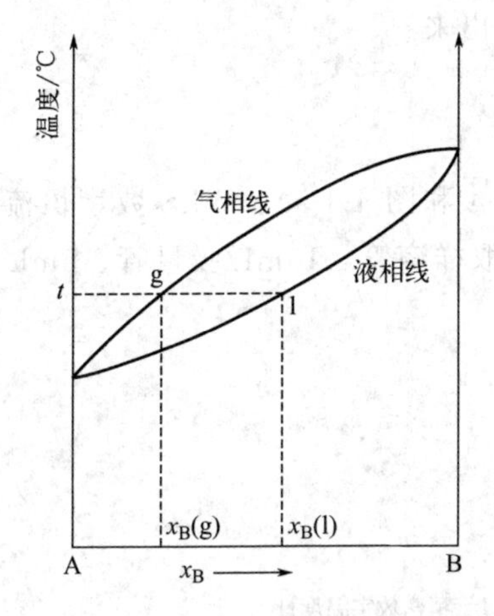

图 4-4-1　简单互溶双液体系的 T-x 图

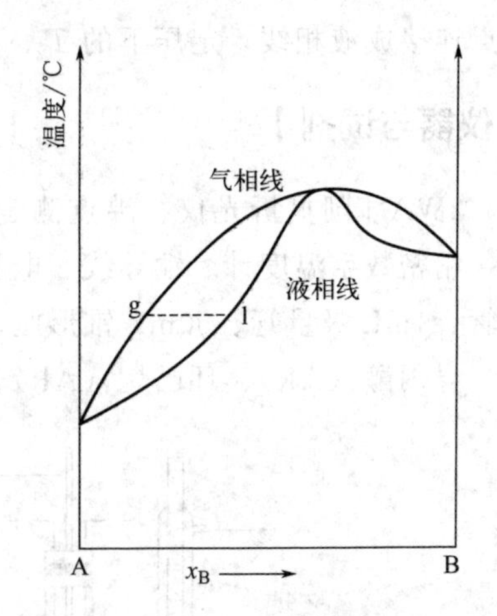

图 4-4-2　具有最高恒沸点的 T-x 图

第Ⅲ类：溶液具有最低恒沸点，如苯与乙醇、乙醇与水、环己烷与异丙醇、环己烷与乙醇、乙醇与 1,2-二氯乙烷等，其沸点-组成图如图 4-4-3 所示。

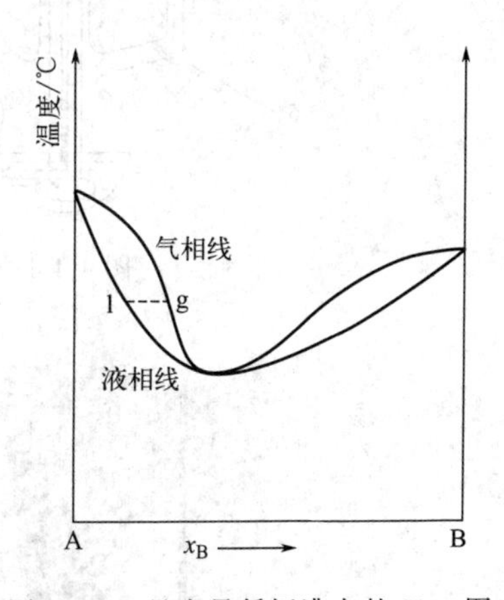

图 4-4-3　具有最低恒沸点的 T-x 图

在第Ⅱ、Ⅲ类的 T-x 图中，出现极值点（极大值或极小值），在极值点处加热蒸发时，只能使气相的总量增加，气液相组成及沸点均保持不变，此点的温度称为恒沸点。在恒沸点，气相的组成与液相的组成相同，称为恒沸组成。具有此组成的混合物称为恒沸混合物。对于Ⅱ、Ⅲ两类溶液，简单的反复蒸馏只能获得某一纯组分和恒沸混合物，而不能同时得到两种纯组分。恒沸点和恒沸混合物的组成与外压有关，改变外压可使恒沸点和恒沸混合物的组成发生变化。

本实验环己烷与异丙醇的混合物属于第Ⅲ类溶液，具有最低恒沸点。

为了绘制沸点-组成图，本实验将环己烷与异丙醇配成不同组成的溶液，利用回流冷凝及分析的方法，测定不同组成溶液的沸点及气液两相的组成。由于环己烷和异丙醇的折射率相差比较大，因此可通过溶液折射率的测定来确定气液两相的组成。为此，可先配制一系列不同组成的环己烷-异丙醇溶液，然后用阿贝折光仪测定其相应的折射率，由此可绘制出折射率-组成的标准工作曲线。通过标准工作曲线可以查出该温度下气液两相平衡时折射率所对应的组成。而气液两相达到平衡时的沸点可直接获得。实验测定整个浓度范围内所选定的几个不同组成溶液的沸点和平衡时的气液相组成之后，将气相组成点连接成气相线，液相组成点连接成液相线，定压下的 T-x 图即可绘制出来。

【仪器与试剂】

2WA-J 阿贝折光仪、沸点测定仪（图 4-4-4 和图 4-4-5）、WLS 数字恒流电源、精密数字温度计、铜导线、电阻丝、长颈取样滴管、10mL 吸量管、5mL 吸量管、1mL 吸量管、50mL 锥形瓶。

异丙醇（AR）、环己烷（AR）。

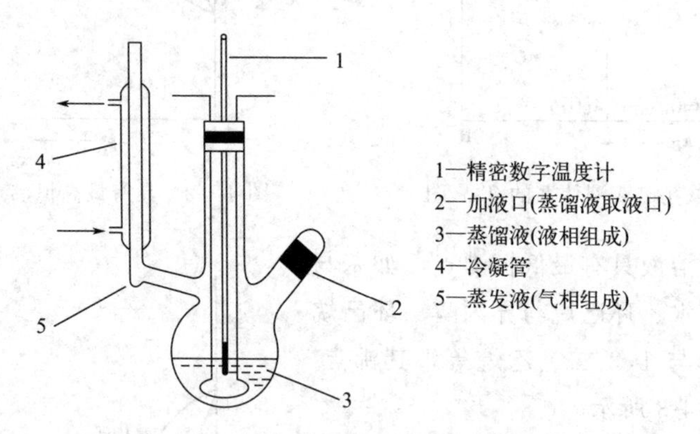

图 4-4-4　沸点测定仪结构示意图

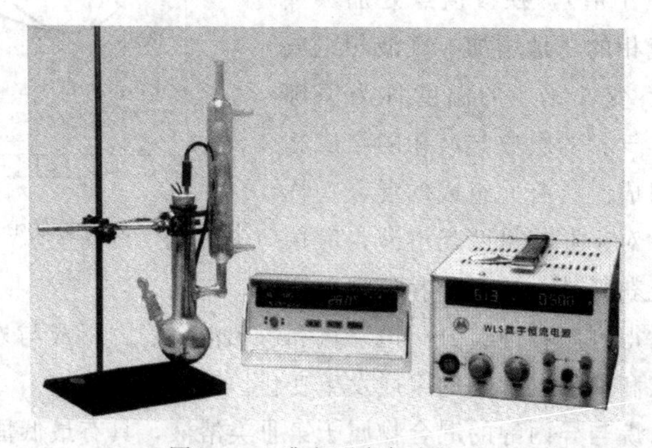

图 4-4-5　沸点测定仪实物图

【实验步骤】

1. 绘制标准工作曲线

在锥形瓶中按照表 4-4-1 配制 8 种不同体积分数的环己烷-异丙醇溶液。每种溶液的总体积为 5mL。配好后摇匀，迅速用阿贝折光仪测定各溶液的折射率。然后，做折射率-组成标准曲线。测试中，注意试样要铺满镜面，旋钮要锁紧，动作要迅速。

表 4-4-1　不同体积分数的环己烷-异丙醇溶液

环己烷	100%	85%	70%	55%	40%	25%	10%	0%
异丙醇	0%	15%	30%	45%	60%	75%	90%	100%

2. 安装沸点测定仪

将干燥的沸点测定仪按图 4-4-4 安装好，检查带有温度计的胶塞是否塞紧，不能漏气。内装电阻丝可供加热用并防止暴沸。

3. 测定沸点和蒸出液、蒸馏液的折射率

① 取 10mL 纯环己烷由加液口注入沸点测定仪的蒸馏瓶内，盖好瓶盖，连接好线路，使电阻丝完全浸入液体中，调整温度计的位置，使温度计浸入溶液内，通好冷凝水，接通电源加热，调变压器输出电压约为 100～130V，使溶液沸腾。将冷凝管下部积液倾倒回蒸馏瓶。重复 2～3 次，待温度恒定后记下沸点并停止加热，用两支干净的滴管分别从冷凝管下部蒸发液和蒸馏液中迅速取几滴液体，立即测定其折射率，读数三次，记录其平均值。然后按表 4-4-2 次序和数量逐步加入异丙醇，同法加热至溶液沸腾，记下沸点并测定蒸发液、蒸馏液的折射率。

表 4-4-2　异丙醇加入量

次序	1	2	3	4	5	6
加异丙醇量/mL	0.2	0.3	0.5	1	2	2.5

② 将沸点测定仪中溶液倒入回收瓶中，用少许异丙醇洗数次，然后取 10mL 异丙醇置于蒸馏瓶中，按上述方法测定沸点和蒸发液、蒸馏液的折射率，然后按表 4-4-3 所列次序和数量逐步加入环己烷，每次加完后测其沸点及蒸发液和蒸馏液的折射率。

表 4-4-3　环己烷加入量

次序	1	2	3	4
加环己烷量/mL	1	2	3	4

测定结束后，将沸点测定仪中溶液倒入回收瓶中，沸点测定仪则不必用水清洗干燥。

【数据记录与处理】

1. 环己烷的相对密度为 0.774，异丙醇的相对密度为 0.781，以折射率为纵坐标，环己烷质量分数为横坐标，作标准工作曲线，并用内插法在工作曲线上找出各样品的组成。

2. 将气-液两相平衡时的沸点、折射率、组成等数据记录于表 4-4-4 和表 4-4-5。

表 4-4-4　环己烷-异丙醇已知组成溶液 25℃时的折射率

环己烷的摩尔分数	0.0	0.1	0.2	0.3	0.4	0.5	0.6	0.7	0.8	0.9	1.0
折光率											

表 4-4-5　溶液沸点、折射率及组成

溶液沸点											
气相冷凝液	折光率										
	组成										
液相	折光率										
	组成										
恒沸温度：		恒沸组成：						气压：			

3. 作环己烷-异丙醇的沸点-组成图，绘制时曲线要圆滑、连续，不应出现折线。求出最低恒沸点及相应恒沸混合物的组成。对实验结果进行必要的分析、讨论。

【注意事项】

1. 加热时要防止暴沸，必要时要加入少量素瓷片作为沸石，但不可在过热液中加沸石。

2. 加热不能过快，否则液体过热或蒸出液组分不纯。

3. 收集到的气相冷凝液要倒回体系几次？

【实验关键提示】

溶液的沸点及相应的气液相折光率是本实验的两个直接测量值，所以影响这两个测量值的因素均是影响实验结果的主要因素。

影响沸点测定的主要因素是回流的质量。为了保证有一个很好的回流操作，要注意以下几点：①调变压器控制的供热电压不宜过高，以维持被测液体处于刚刚沸腾的状态为宜，要防止电压过高引起的暴沸。②回流时间不可过短。当沸腾温度趋于恒定后，还应维持 2～3min 的回流，使体系尽量达到平衡状态后，再记录沸点温度并取样测试折光率。

实验中有时可发现，虽长时间的回流，但温度总是上下波动而不能稳定。这多是由于沸点仪在吹制中储存气相冷凝液的凹形储槽的体积过大。出现此种情况时，可将沸点仪倾斜一下，使存留在凹形储槽中的试样能减少一些。一般来说，这样处理即可使沸腾温度在较短时间内趋于恒定。

对于试样折射率的测定要做到：动作迅速，试样铺满镜面，锁紧旋钮，以保证测试的准确性。

【讨论】

根据相律绘制相图，通过对相图的分析加深对所研究体系的认识，这是热力学方法研究多相平衡体系的重要内容之一。早在 1876 年 Gibbs 相律出现以后，各类体系的相图就不断出现，经过近半个世纪的不断完善，从 20 世纪 40 年代起“完全互溶双液系相图”这一实验选题就被纳入物理化学实验教材中，作为一个经典实验一直被沿用至今。它之所以有这样强的生命力是因为通过这一实验的实际操作，不仅使同学们了解了回流分析法的实验原理，掌握了实验的要领和对阿贝折光仪的正确使用等；而且通过对实验某些操作环节的分析与研究，对异常现象的思考与排除等，加深了对实验设计的体会与对相图的深入认识。这里不妨举一二例进行讨论。比如：操作步骤中要求用移液管取液配制所规定的试样，那么是不是像分析化学那样要求必须十分精确呢？实际上并不需要这样严格的准确。为什么呢？认真思考与分析就会清楚。用移液管按规定取液是实验设计者为使各实验点更均匀，相图绘制更准确，经过实践总结出来的。但又不必像分析化学中做定量分析那样严格量取，因为这里组成的确定最终是由折光率的大小来决定的，而不是由加入量来确定的。了解了这些，实验时就会把精力用到真正需要投入的地方，而不会在取液时投入这些不必要的精力。又如前述操作步骤曾提到：先测气相折光率，然后再测液相折光率，若气相未测出来，则液相试样不必测量，可以重新加热试样，重新记录沸点，重新测定气、液相的折光率。有的同学会把试样全部倒掉重新来，认真思考分析后会发现这样操作是完全没有必要的。重新加热，重新取样测试，只是使实验点与原来所设计的实验点有了微小的移动，这样的变化对相图的绘制是没有影响的。还有的同学提出既然气相试样这样少，不易测量，那么可以在仪器制作时，让凹形储槽体积大一点，这样问题不就解决了吗？实际上这是不行的，为什么？我们把这个问题留给同学们自己去思考，并建议你们通过相图去分析一下，相信会有收获的！

异丙醇-环己烷双液系恒沸温度与恒沸组成的文献值为：恒沸温度 341.8K±1K，恒沸组成（C_6H_{12} 含量）66%±1%。你可将自己结果与文献值进行比较，并分析与文献值偏差的原因。

具有最低恒沸点的体系还有很多。作为基础实验，选择体系时应考虑：两组成的折光率尽量相差较大；折光率与组成有较好的线性关系；恒沸点明显，且沸程最好介于50～100℃之间；原料廉价易得及无毒等各个方面。

完全互溶双液系的 T-x 图具有重要的实用价值，比如常以此来指导或控制某些体系分馏、精馏的操作条件。这里请同学们思考一下，为什么采用简单的精馏无法由含水乙醇制备无水乙醇？

【思考题】

1. 平衡时，气液两相温度应不应该一样？实际是否一样？怎样防止有温度差异？

2. 蒸馏器中收集气相冷凝液的袋状部分的大小，对测量有何影响？

3. 在测定沸点时，溶液过热或出现分馏现象，将使绘出的相图图形发生什么变化？

附录

物理化学实验常用数据表

表附-1　国际原子量表

原子序数	名称	符号	原子量	原子序数	名称	符号	原子量
1	氢	H	1.0079	34	硒	Se	78.96
2	氦	He	4.00260	35	溴	Br	79.904
3	锂	Li	6.941	36	氪	Kr	83.80
4	铍	Be	9.01218	37	铷	Rb	85.4678
5	硼	B	10.81	38	锶	Sr	87.62
6	碳	C	12.011	39	钇	Y	88.9059
7	氮	N	14.0067	40	锆	Zr	91.22
8	氧	O	15.9994	41	铌	Nb	92.9064
9	氟	F	18.99840	42	钼	Mo	95.94
10	氖	Ne	20.179	43	锝	Tc	[97][99]
11	钠	Na	22.98977	44	钌	Ru	101.07
12	镁	Mg	24.305	45	铑	Rh	102.9055
13	铝	Al	26.98154	46	钯	Pd	106.4
14	硅	Si	28.0855	47	银	Ag	107.868
15	磷	P	30.97376	48	镉	Cd	112.41
16	硫	S	32.06	49	铟	In	114.82
17	氯	Cl	35.453	50	锡	Sn	118.69
18	氩	Ar	39.948	51	锑	Sb	121.75
19	钾	K	39.098	52	碲	Te	127.60
20	钙	Ca	40.08	53	碘	I	126.9045
21	钪	Sc	44.9559	54	氙	Xe	131.30
22	钛	Ti	47.90	55	铯	Cs	132.9054
23	钒	V	50.9415	56	钡	Ba	137.33
24	铬	Cr	51.996	57	镧	La	138.9055
25	锰	Mn	54.9380	58	铈	Ce	140.12
26	铁	Fe	55.847	59	镨	Pr	140.9077
27	钴	Co	58.9332	60	钕	Nd	144.24
28	镍	Ni	58.70	61	钷	Pm	[145]
29	铜	Cu	63.546	62	钐	Sm	150.4
30	锌	Zn	65.38	63	铕	Eu	151.96
31	镓	Ga	69.72	64	钆	Gd	157.25
32	锗	Ge	72.59	65	铽	Tb	158.9254
33	砷	As	74.9216	66	镝	Dy	162.50

续表

原子序数	名称	符号	原子量	原子序数	名称	符号	原子量
67	钬	Ho	164.9304	88	镭	Ra	226.0254
68	铒	Er	167.26	89	锕	Ac	227.0278
69	铥	Tm	168.9342	90	钍	Th	232.0381
70	镱	Yb	173.04	91	镤	Pa	231.0359
71	镥	Lu	174.967	92	铀	U	238.029
72	铪	Hf	178.49	93	镎	Np	237.0482
73	钽	Ta	180.9479	94	钚	Pu	[239][244]
74	钨	W	183.85	95	镅	Am	[243]
75	铼	Re	186.207	96	锔	Cm	[247]
76	锇	Os	190.2	97	锫	Bk	[247]
77	铱	Ir	192.22	98	锎	Cf	[251]
78	铂	Pt	195.09	99	锿	Es	[254]
79	金	Au	196.9665	100	镄	Fm	[257]
80	汞	Hg	200.59	101	钔	Md	[258]
81	铊	Tl	204.37	102	锘	No	[259]
82	铅	Pb	207.2	103	铹	Lr	[260]
83	铋	Bi	208.9804	104		Unq	[261]
84	钋	Po	[210][209]	105		Unp	[262]
85	砹	At	[210]	106		Unh	[263]
86	氡	Rn	[222]	107			[261]
87	钫	Fr	[223]				

表附-2 国际单位制的基本单位

量	单位名称	单位符号
长度	米	m
质量	千克(公斤)	kg
时间	秒	s
电流	安[培]	A
热力学温度	开[尔文]	K
物质的量	摩[尔]	mol
光强度	坎[德拉]	cd

表附-3 力单位换算

牛顿,N	千克力,kgf	达因,dyn
1	0.102	10^5
9.80665	1	9.80665×10^5
10^{-5}	1.02×10^{-6}	1

表附-4 压力单位换算

帕斯卡 Pa	工程大气压 kgf/cm^2	毫米水柱 mmH_2O	标准大气压 atm	毫米汞柱 mmHg
1	1.02×10^{-5}	0.102	0.99×10^{-5}	0.0075
98067	1	10^4	0.9678	735.6
9.807	0.0001	1	0.9678×10^{-4}	0.0736
101325	1.033	10332	1	760
133.32	0.00036	13.6	0.00132	1

$1Pa=1N\cdot m^{-2}$，1工程大气压$=1kgf/cm^2$，1mmHg=1Torr，标准大气压即物理大气压，$1bar=10^5N\cdot m^{-2}$。

表附-5 能量单位换算

尔格 erg	焦耳 J	千克力米 kgf·m	千瓦时 kw·h	千卡 kcal(国际蒸汽表卡)	升大气压 L·atm
1	10^{-7}	0.102×10^{-7}	27.78×10^{-15}	23.9×10^{-12}	9.869×10^{-10}
10^7	1	0.102	277.8×10^{-9}	239×10^{-6}	9.869×10^{-3}
9.807×10^7	9.807	1	2.724×10^{-6}	2.342×10^{-3}	9.679×10^{-2}
36×10^{12}	3.6×10^6	367.1×10^3	1	859.845	3.553×10^4
41.87×10^9	4186.8	426.935	1.163×10^{-3}	1	41.29
1.013×10^9	101.3	10.33	2.814×10^{-5}	0.024218	1

$1erg=1dyn\cdot cm$，$1J=1N\cdot m=1W\cdot s$，$1eV=1.602\times10^{-19}J$，1国际蒸汽表卡=1.00067热化学卡。

表附-6 国际单位制中具有专用名称的导出单位

量的名称	单位名称	单位符号	其他表示示例
频率	赫[兹]	Hz	s^{-1}
力	牛[顿]	N	$kg\cdot m/s^2$
压力、应力	帕[斯卡]	Pa	N/m^2
能、功、热量	焦[耳]	J	N·m
电量、电荷	库[仑]	C	A·s
功率	瓦[特]	W	J/s

续表

量的名称	单位名称	单位符号	其他表示示例
电位、电压、电动势	伏[特]	V	W/A
电容	法[拉]	F	C/V
电阻	欧[姆]	Ω	V/A
电导	西[门子]	S	A/V
磁通量	韦[伯]	Wb	V·s
磁感应强度	特[斯拉]	T	Wb/m^2
电感	亨[利]	H	Wb/A
摄氏温度	摄氏度	℃	

表附-7　用于构成十进倍数和分数单位的词头

倍数	词头名称	词头符号	分数	词头名称	词头符号
10^{18}	艾[可萨](exa)	E	10^{-1}	分(deci)	d
10^{15}	拍[它](peta)	P	10^{-2}	厘(centi)	c
10^{12}	太[拉](tera)	T	10^{-3}	毫(milli)	m
10^{9}	吉[咖](giga)	G	10^{-6}	微(micro)	μ
10^{6}	兆(mega)	M	10^{-9}	纳[诺](nano)	n
10^{3}	千(kilo)	k	10^{-12}	皮[可](pico)	p
10^{2}	百(hecto)	h	10^{-15}	飞[母托](femto)	f
10^{1}	十(deca)	da	10^{-18}	阿[托](atto)	a

表附-8　不同温度下水的饱和蒸气压

t/℃	0.0		0.2		0.4		0.6		0.8	
	mmHg	kPa	mmHg	kPa	mmHg	kPa	mmHg	kPa	mmHg	kPa
0	4.579	0.6105	4.647	0.6195	4.715	0.6286	4.785	0.6379	4.855	0.6473
1	4.926	0.6567	4.998	0.6663	5.070	0.6759	5.144	0.6858	5.219	0.6958
2	5.294	0.7058	5.370	0.7159	5.447	0.7262	5.525	0.7366	5.605	0.7473
3	5.685	0.7579	5.766	0.7687	5.848	0.7797	5.931	0.7907	6.015	0.8019
4	6.101	0.8134	6.187	0.8249	6.274	0.8365	6.363	0.8483	6.453	0.8603
5	6.543	0.8723	6.635	0.8846	6.728	0.8970	6.822	0.9095	6.917	0.9222
6	7.013	0.9350	7.111	0.9481	7.209	0.9611	7.309	0.9745	7.411	0.9880
7	7.513	1.0017	7.617	1.0155	7.722	1.0295	7.828	1.0436	7.936	1.0580
8	8.045	1.0726	8.155	1.0872	8.267	1.1022	8.380	1.1172	8.494	1.1324
9	8.609	1.1478	8.727	1.1635	8.845	1.1792	8.965	1.1952	9.086	1.2114

续表

t/℃	0.0		0.2		0.4		0.6		0.8	
	mmHg	kPa	mmHg	kPa	mmHg	kPa	mmHg	kPa	mmHg	kPa
10	9.209	1.2278	9.333	1.2443	9.458	1.2610	9.585	1.2779	9.714	1.2951
11	9.844	1.3124	9.976	1.3300	10.109	1.3478	10.244	1.3658	10.380	1.3839
12	10.518	1.4023	10.658	1.4210	10.799	1.4397	10.941	1.4527	11.085	1.4779
13	11.231	1.4973	11.379	1.5171	11.528	1.5370	11.680	1.5572	11.833	1.5776
14	11.987	1.5981	12.144	1.6191	12.302	1.6401	12.462	1.6615	12.624	1.6831
15	12.788	1.7049	12.953	1.7269	13.121	1.7493	13.290	1.7718	13.461	1.7946
16	13.634	1.8177	13.809	1.8410	13.987	1.8648	14.166	1.8886	14.347	1.9128
17	14.530	1.9372	14.715	1.9618	14.903	1.9869	15.092	2.0121	15.284	2.0377
18	15.477	2.0634	15.673	2.0896	15.871	2.1160	16.071	2.1426	16.272	2.1694
19	16.477	2.1967	16.685	2.2245	16.894	2.2523	17.105	2.2805	17.319	2.3090
20	17.535	2.3378	17.753	2.3669	17.974	2.3963	18.197	2.4261	18.422	2.4561
21	18.650	2.4865	18.880	2.5171	19.113	2.5482	19.349	2.5796	19.587	2.6114
22	19.827	2.6434	20.070	2.6758	20.316	2.7068	20.565	2.7418	20.815	2.7751
23	21.068	2.8088	21.342	2.8430	21.583	2.8775	21.845	2.9124	22.110	2.9478
24	22.377	2.9833	22.648	3.0195	22.922	3.0560	23.198	3.0928	23.476	3.1299
25	23.756	3.1672	24.039	3.2049	24.326	3.2432	24.617	3.2820	24.912	3.3213
26	25.209	3.3609	25.509	3.4009	25.812	3.4413	26.117	3.4820	26.426	3.5232
27	26.739	3.5649	27.055	3.6070	27.374	3.6496	27.696	3.6925	28.021	3.7358
28	28.349	3.7795	28.680	3.8237	29.015	3.8683	29.354	3.9135	29.697	3.9593
29	30.043	4.0054	30.392	4.0519	30.745	4.0990	31.102	4.1466	31.461	4.1944
30	31.824	4.2428	32.191	4.2918	32.561	4.3411	32.934	4.3908	33.312	4.4412
31	33.695	4.4923	34.082	4.5439	34.471	4.5957	34.864	4.6481	35.261	4.7011
32	35.663	4.7547	36.068	4.8087	36.477	4.8632	36.891	4.9184	37.308	4.9740
33	37.729	5.0301	38.155	5.0869	38.584	5.1441	39.018	5.2020	39.457	5.2605
34	39.898	5.3193	40.344	5.3787	40.796	5.4390	41.251	5.4997	41.710	5.5609
35	42.175	5.6229	42.644	5.6854	43.117	5.7484	43.595	5.8122	44.078	5.8766
36	44.563	5.9412	45.054	6.0087	45.549	6.0727	46.050	6.1395	46.556	6.2069
37	47.067	6.2751	47.582	6.3437	48.102	6.4130	48.627	6.4830	49.157	6.5537
38	49.692	6.6250	50.231	6.6969	50.774	6.7693	51.323	6.8425	51.879	6.9166
39	52.442	6.9917	53.009	7.0673	53.580	7.1434	54.156	7.2202	54.737	7.2976
40	55.324	7.3759	55.91	7.451	56.51	7.534	57.11	7.614	57.72	7.695

表附-9　不同温度下水的表面张力 σ

t/℃	$\sigma/(10^{-3}N/m)$	t/℃	$\sigma/(10^{-3}N/m)$
0	75.64	21	72.59
5	74.92	22	72.44
10	74.22	23	72.28
11	74.07	24	72.13
12	73.93	25	71.97
13	73.78	26	71.82
14	73.64	27	71.66
15	73.49	28	71.50
16	73.34	29	71.35
17	73.19	30	71.18
18	73.05	35	70.38
19	72.90	40	69.56
20	72.75	45	68.74

表附-10　甘汞电极的电极电势与温度的关系

甘汞电极①	φ/V
SCE	$0.2412-6.61\times10^{-4}(t-25)-1.75\times10^{-6}(t-25)^2-9\times10^{-10}(t-25)^3$
NCE	$0.2801-2.75\times10^{-4}(t-25)-2.50\times10^{-6}(t-25)^2-4\times10^{-9}(t-25)^3$
0.1NCE	$0.3337-8.75\times10^{-5}(t-25)-3\times10^{-6}(t-25)^2$

① SCE 为饱和甘汞电极；NCE 为标准甘汞电极；0.1NCE 为 0.1mol/L 甘汞电极。

表附-11　常用参比电极电势及温度系数

名称	体系	E/V①	$(dE/dT)/mV\cdot K^{-1}$
氢电极	$Pt,H_2\|H^+(\alpha_{H^+}=1)$	0.0000	
饱和甘汞电极	$Hg,Hg_2Cl_2\|$饱和 KCl	0.2415	−0.761
标准甘汞电极	$Hg,Hg_2Cl_2|$1mol/L KCl	0.2800	−0.275
甘汞电极	$Hg,Hg_2Cl_2|$0.1mol/L KCl	0.3337	−0.875
银/氯化银电极	Ag,AgCl|0.1mol/L KCl	0.290	−0.3
氧化汞电极	Hg,HgO|0.1mol/L KOH	0.165	
硫酸亚汞电极	$Hg,Hg_2SO_4|$1mol/L H_2SO_4	0.6758	
硫酸铜电极	Cu|饱和 $CuSO_4$	0.316	−0.7

① 25℃，相对于标准氢电极。

表附-12　水的黏度　　　　单位：cP

t/℃	0	1	2	3	4	5	6	7	8	9
0	1.787	1.728	1.671	1.618	1.567	1.519	1.472	1.428	1.386	1.346
10	1.307	1.271	1.235	1.202	1.169	1.139	1.109	1.081	1.053	1.027
20	1.002	0.9779	0.9548	0.9325	0.9111	0.8904	0.8705	0.8513	0.8327	0.8148
30	0.7975	0.7808	0.7647	0.7491	0.7340	0.7194	0.7052	0.6915	0.6783	0.6654
40	0.6529	0.6408	0.6291	0.6178	0.6067	0.5960	0.5856	0.5755	0.5656	0.5561

1cP$=10^{-3}$N·s/m^2。

表附-13　KCl 溶液的电导率①

t/℃	c/(mol/L)			
	1.000②	0.1000	0.0200	0.0100
0	0.06541	0.00715	0.001521	0.000776
5	0.07414	0.00822	0.001752	0.000896
10	0.08319	0.00933	0.001994	0.001020
15	0.09252	0.01048	0.002243	0.001147
16	0.09441	0.01072	0.002294	0.001173
17	0.09631	0.01095	0.002345	0.001199
18	0.09822	0.01119	0.002397	0.001225
19	0.10014	0.01143	0.002449	0.001251
20	0.10207	0.01167	0.002501	0.001278
21	0.10400	0.01191	0.002553	0.001305
22	0.10594	0.01215	0.002606	0.001332
23	0.10789	0.01239	0.002659	0.001359
24	0.10984	0.01264	0.002712	0.001386
25	0.11180	0.01288	0.002765	0.001413
26	0.11377	0.01313	0.002819	0.001441
27	0.11574	0.01337	0.002873	0.001468
28		0.01362	0.002927	0.001496
29		0.01387	0.002981	0.001524
30		0.01412	0.003036	0.001552
35		0.01539	0.003312	
36		0.01564	0.003368	

① 电导率单位 S/cm。

② 在空气中称取 74.56g KCl，溶于 18℃水中，稀释到 1L，其浓度为 1.000mol/L（密度 1.0449g/cm^3），再稀释得其他浓度溶液。

表附-14　不同温度下水和乙醇的折射率[1]

t/℃	纯水	99.8%乙醇	t/℃	纯水	99.8%乙醇
14	1.33348		34	1.33136	1.35474
15	1.33341		36	1.33107	1.35390
16	1.33333	1.36210	38	1.33079	1.35306
18	1.33317	1.36129	40	1.33051	1.35222
20	1.33299	1.36048	42	1.33023	1.35138
22	1.33281	1.35967	44	1.32992	1.35054
24	1.33262	1.35885	46	1.32959	1.34969
26	1.33241	1.35803	48	1.32927	1.34885
28	1.33219	1.35721	50	1.32894	1.34800
30	1.33192	1.35639	52	1.32860	1.34715
32	1.33164	1.35557	54	1.32827	1.34629

① 相对于空气；钠光波长 589.3nm。

表附-15　一些液体的蒸气压

化合物	25℃时蒸气压/mmHg	温度范围/℃	A	B	C
丙酮 C_3H_6O	230.05		7.02447	1161.0	224
苯 C_6H_6	95.18		6.90565	1211.033	220.790
溴 Br_2	226.32		6.83298	1133.0	228.0
甲醇 CH_4O	126.40	−20～140	7.87863	1473.11	230.0
甲苯 C_7H_8	28.45		6.95464	1344.80	219.482
醋酸 $C_2H_4O_2$	15.59	0～36	7.80307	1651.2	225
		36～170	7.18807	1416.7	211
氯仿 $CHCl_3$	227.72	−30～150	6.90328	1163.03	227.4
四氯化碳 CCl_4	115.25		6.93390	1242.43	230.0
乙酸乙酯 $C_4H_8O_2$	94.29	−20～150	7.09808	1238.71	217.0
乙醇 C_2H_6O	56.31		8.04494	1554.3	222.65
乙醚 $C_4H_{10}O$	534.31		6.78574	994.195	220.0
乙酸甲酯 $C_3H_6O_2$	213.43		7.20211	1232.83	228.0
环己烷 C_6H_{12}		−20～142	6.84498	1203.526	222.86

表中所列各化合物的蒸气压用下列方程式计算

$$\lg p = A - B/(C + t)$$

式中，A、B、C 为常数；p 为化合物的蒸气压，mmHg；t 为摄氏温度。

表附-16　铂铑-铂热电偶（分度号 LB-3）热电势与温度换算表[①]

t/℃	0	10	20	30	40	50	60	70	80	90
	热电势/mV									
0	0.000	0.050	0.113	0.173	0.235	0.299	0.364	0.431	0.500	0.571
100	0.643	0.717	0.792	0.869	0.946	1.025	1.106	1.187	1.269	1.352
200	1.436	1.521	1.607	1.693	1.780	1.867	1.955	2.044	2.134	2.224
300	2.315	2.407	2.498	2.591	2.684	2.777	2.871	2.965	3.060	3.155
400	3.250	3.346	3.441	3.538	3.634	3.731	3.828	3.925	4.023	4.121
500	4.220	4.318	4.418	4.517	4.617	4.717	4.817	4.918	5.019	5.121
600	5.222	5.324	5.427	5.530	5.633	5.735	5.839	5.943	6.046	6.151
700	6.256	6.361	6.466	6.572	6.677	6.784	6.891	6.999	7.105	7.213
800	7.322	7.430	7.539	7.648	7.757	7.867	7.978	8.088	8.199	8.310
900	8.421	8.534	8.646	8.758	8.871	8.985	9.098	9.212	9.326	9.441
1000	9.556	9.671	9.787	9.902	10.019	10.136	10.252	10.370	10.488	10.605
1100	10.723	10.842	10.961	11.080	11.198	11.317	11.437	11.556	11.676	11.795
1200	11.915	12.035	12.155	12.275	12.395	12.515	12.636	12.756	12.875	12.996
1300	13.116	13.236	13.356	13.475	13.595	13.715	13.835	13.955	14.074	14.193
1400	14.313	14.433	14.552	14.671	14.790	14.910	15.029	15.148	15.266	15.885
1500	15.504	15.623	15.742	15.860	15.979	16.097	16.216	16.334	16.451	16.569
1600	16.688									

① 参考端为 0℃。

表附-17　铂铑 10-铂热电偶分度表（分度号：LB-3）

工作端温度/℃	0	1	2	3	4	5	6	7	8	9
	毫伏(绝对毫伏)									
0	0.000	0.005	0.011	0.016	0.022	0.028	0.033	0.039	0.044	0.050
10	0.056	0.061	0.067	0.073	0.078	0.084	0.090	0.096	0.102	0.107
20	0.113	0.119	0.125	0.131	0.137	0.143	0.149	0.155	0.161	0.167
30	0.173	0.179	0.185	0.191	0.198	0.204	0.210	0.216	0.222	0.229
40	0.235	0.241	0.247	0.254	0.260	0.266	0.273	0.279	0.286	0.292
50	0.299	0.305	0.312	0.318	0.325	0.331	0.338	0.344	0.351	0.357
60	0.364	0.371	0.377	0.384	0.391	0.397	0.404	0.411	0.418	0.425
70	0.431	0.438	0.445	0.452	0.459	0.466	0.473	0.479	0.486	0.493
80	0.500	0.507	0.514	0.521	0.528	0.535	0.543	0.550	0.557	0.564
90	0.571	0.578	0.585	0.593	0.600	0.607	0.614	0.621	0.629	0.636

续表

工作端温度/℃	0	1	2	3	4	5	6	7	8	9
	毫伏(绝对毫伏)									
100	0.643	0.651	0.658	0.665	0.673	0.680	0.687	0.694	0.702	0.709
110	0.717	0.724	0.732	0.739	0.747	0.754	0.762	0.769	0.777	0.784
120	0.792	0.800	0.807	0.815	0.823	0.830	0.838	0.845	0.853	0.861
130	0.869	0.876	0.884	0.892	0.900	0.907	0.915	0.923	0.931	0.939
140	0.946	0.954	0.962	0.970	0.978	0.986	0.994	1.002	1.009	1.017
150	1.025	1.033	1.041	1.049	1.057	1.065	1.073	1.081	1.089	1.097
160	1.106	1.114	1.122	1.130	1.138	1.146	1.154	1.162	1.170	1.179
170	1.187	1.195	1.203	1.211	1.220	1.228	1.236	1.244	1.253	1.261
180	1.269	1.277	1.286	1.294	1.302	1.311	1.319	1.327	1.336	1.344
190	1.352	1.361	1.369	1.377	1.386	1.394	1.403	1.411	1.419	1.428
200	1.436	1.445	1.453	1.462	1.470	1.479	1.487	1.496	1.504	1.513
210	1.521	1.530	1.538	1.547	1.555	1.564	1.573	1.581	1.590	1.598
220	1.607	1.615	1.624	1.633	1.641	1.650	1.659	1.667	1.676	1.685
230	1.693	1.702	1.710	1.719	1.728	1.736	1.745	1.754	1.763	1.771
240	1.780	1.788	1.797	1.805	1.814	1.823	1.832	1.840	1.849	1.858
250	1.867	1.876	1.884	1.893	1.902	1.911	1.920	1.929	1.937	1.946
260	1.955	1.964	1.973	1.982	1.991	2.000	2.008	2.017	2.026	2.035
270	2.044	2.053	2.062	2.071	2.080	2.089	2.098	2.107	2.116	2.125
280	2.134	2.143	2.152	2.161	2.170	2.179	2.188	2.197	2.206	2.215
290	2.224	2.233	2.242	2.251	2.260	2.270	2.279	2.288	2.297	2.306
300	2.315	2.324	2.333	2.342	2.352	2.361	2.370	2.379	2.388	2.397
310	2.407	2.416	2.425	2.434	2.443	2.452	2.462	2.471	2.480	2.489
320	2.498	2.508	2.517	2.526	2.535	2.545	2.554	2.563	2.572	2.582
330	2.591	2.600	2.609	2.619	2.628	2.637	2.647	2.656	2.665	2.675
340	2.684	2.693	2.703	2.712	2.721	2.730	2.740	2.749	2.759	2.768
350	2.777	2.787	2.796	2.805	2.815	2.824	2.833	2.843	2.852	2.862
360	2.871	2.880	2.890	2.899	2.909	2.918	2.928	2.937	2.946	2.956
370	2.965	2.975	2.984	2.994	3.003	3.013	3.022	3.031	3.041	3.050
380	3.060	3.069	3.079	3.088	3.098	3.107	3.117	3.126	3.136	3.145
390	3.155	3.164	3.174	3.183	3.193	3.202	3.212	3.221	3.231	3.240

表附-18 镍铬-镍硅热电偶（分度号 EU-2）热电势与温度换算表①

t/℃	0	10	20	30	40	50	60	70	80	90
	热电势/mV									
	0	−0.39	−0.77	−1.14	−1.50	−1.86				
0	0	0.40	0.80	1.20	1.61	2.02	2.43	2.85	3.26	3.68
100	4.10	4.51	4.92	5.33	5.73	6.13	6.53	6.93	7.33	7.73
200	8.13	8.53	8.93	9.34	9.74	10.15	10.56	10.97	11.38	11.80
300	12.21	12.62	13.04	13.45	13.87	14.30	14.72	15.14	15.56	15.99
400	16.40	16.83	17.25	17.69	18.09	18.51	18.94	19.37	19.79	20.22
500	20.65	21.08	21.50	21.93	22.35	22.78	23.21	23.63	24.05	24.48
600	24.90	25.32	25.75	26.18	26.6	27.03	27.45	27.87	28.29	28.71
700	29.13	29.55	29.97	30.39	30.81	31.22	31.64	32.06	32.46	32.87
800	33.29	33.69	34.10	34.51	34.91	35.32	35.72	36.13	36.53	36.93
900	37.33	37.73	38.13	38.53	38.93	39.32	39.72	40.10	40.49	40.88
1000	41.27	41.66	42.04	42.43	42.83	43.21	43.59	43.97	44.34	44.72
1100	45.10	45.48	45.85	46.23	46.60	46.97	47.34	47.71	48.08	48.44
1200	48.81	49.17	49.53	49.89	50.25	50.61	50.96	51.32	51.67	52.02
1300	52.37									

① 参考端为0℃。

表附-19 镍铬-考铜热电偶（分度号 EA-2）热电势与温度换算表①

t/℃	0	10	20	30	40	50	60	70	80	90
	热电势/mV									
		−0.64	−1.27	−1.89	−2.50	−3.11				
0	0	0.65	1.31	1.98	2.66	3.35	4.05	4.76	5.48	6.21
100	6.95	7.69	8.43	9.18	9.93	10.69	11.46	12.24	13.03	13.84
200	14.66	15.48	16.30	17.12	17.95	18.76	19.59	20.42	21.24	22.07
300	22.90	23.74	24.59	25.44	26.30	27.15	28.01	28.88	29.75	30.61
400	31.48	32.34	33.21	34.07	34.94	35.81	36.67	37.54	38.41	39.28
500	40.15	41.02	41.90	42.78	43.67	44.55	45.44	46.33	47.22	48.11
600	49.01	49.89	50.76	51.64	52.51	53.39	54.26	55.12	56.00	56.87
700	57.74	58.57	59.47	60.33	61.20	62.06	62.92	63.78	64.64	65.50
800	66.06									

① 参考端为0℃。

表附-20　在 298K 的水溶液中，一些电解质的离子平均活度系数（活度因子）$\gamma_{\pm}$

c/(mol/L)	0.01	0.02	0.03	0.05	0.07	0.09	0.10	0.20	0.50
HCl	0.904	0.875	—	0.830	—	—	0.796	0.767	0.758
KOH	0.90	0.86	—	0.82	—	—	0.80		0.73
KCl	0.901		0.846	0.815	0.793	0.776	0.790	0.719	
KF	0.930	0.920		0.880				0.810	
NH_4Cl	0.88	0.84		0.79			0.74	0.69	
Na_2SO_4	0.714	0.641		0.53			0.45	0.36	

参考文献

[1] 张扬．大数据提升高校实验教学质量与管理水平探析［J］．现代测量与实验室管理，2016，24（5）：68-70.

[2] 黄青艳．浅谈实验教学的重要性［J］．中国烟草科学，1998（2）：47.

[3] 申有名，蒋倩婷，肖安国，等．转型背景下应用化学专业基础化学实验“产教融合”教学探讨［J］．高教学刊，2018，17：59-62.

[4] 邓玲娟，张知侠．改革物理化学实验教学模式 提升教学效果［J］．实验室科学，2022，25（4）：119-121.

[5] 程国生．物理开放实验与创新能力培养的探索［J］．实验室研究与探索，2007，26（12）：12-14.

[6] 李三鸣．物理化学实验［M］．北京：中国医药科技出版社，2007.

[7] 袁誉洪．物理化学实验［M］．北京：科学出版社，2021.

[8] 王金玉，等．物理化学实验［M］．北京：化学工业出版社，2023.

[9] 郭丽丽，武小满，张洪浩．应用型人才培养背景下物理化学实验教学改革［J］．山东化工，2018，47（19）：3.

[10] 侯红帅，吴佳娥，邹国强，等．培养学生创新能力的物理化学实验教学改革［J］．科技视界，2021（11）：2.

[11] 刘涛．高等院校实验教学改革的几点思考［J］．科技情报开发与经济，2006（24）：268-269.

[12] 田红．高校实验教学存在的问题及对策［J］．实验科学与技术，2014，12（1）：91-93.

[13] 薛美香，陈建琴，林素英，等．物理化学实验开放式教学的探索与实践［J］．广州化工，2013，41（10）：223-224.

[14] 李秀珍，曹群，庞思平．实施开放式实验教学的几点体会［J］．实验技术与管理，2008，25（2）：140-142.

[15] 杨志勇，魏娴，冯晓琴．物理化学课程教学改革与创新性探索［J］．广东化工，2018，45（2）：234.